RESTAURANT 餐厅

目录
CONTENTS

主案设计：
孙黎明 Sun Liming
博客：
http:// 822013.china-designer.com
公司：
无锡市上瑞元筑设计制作有限公司
职位：
董事设计师

奖项：

2011年金堂奖年度优秀餐饮空间设计作品

2011 JSIID “东鹏星空间杯”江苏省室内设计大奖赛商业空间工程类优胜奖

2011年CIID中国室内设计学会奖商业工程类铜奖

2011年金堂奖年度优秀休闲空间设计作品

2011 IAI亚太建筑师与室内设计师联盟最佳商业空间设计大奖

项目：

时尚造型发廊

优阁精品旅馆

顶上牛排

江阴悦云SPA

宴遇•乡水谣餐厅

上海采蝶轩

Shanghai Zen Restaurant

A 项目定位 Design Proposition

项目地处上海石库门新天地中心，在这里，海派文化与现代商业得到了创造性融合，亦使其成为国内现代商业业态的典范。整个街区背景与业态气质，给采蝶轩的室内外空间设计提供了母土与创作依据——中西文化的结合与重构，即本土文化的国际化表达。

B 环境风格 Creativity & Aesthetics

从外立面伊始，简约、隽永的空间气质即贯彻到底，力图让“寸土寸金”的每一寸空间，都能达到恰到好处的表情传达。

C 空间布局 Space Planning

整体空间架构并不复杂，空间的丰富性关联性由“上海记忆”的艺术品、现代简约的家具、陈设完成演绎；而主题部分，则由黑白勾线的蝶舞画幅和公共空间荧悬的“蝶影”演绎出来。

D 设计选材 Materials & Cost Effectiveness

金属、玻璃、天然石材深挚沉着，营造出不动声色的品质感。深色的家具与深色的屋顶形成顾盼，天蓝与浅绿提亮了空间，又与暖色的灯光、橘红主题背景形成对比，均产生了生动的情绪跳跃。

E 使用效果 Fidelity to Client

一个架构在现代空间里的“庄生梦蝶”的中式体验油然而生。

Project Name_
Shanghai Zen Restaurant
Chief Designer_
Sun Liming
Participate Designer_
Hu Hongbo
Location_
Shanghai Luwan
Project Area_
600sqm
Cost_
2,000,000RMB

项目名称_
上海采蝶轩
主案设计_
孙黎明
参与设计师_
胡红波
项目地点_
上海市 卢湾区
项目面积_
600平方米
投资金额_
200万元

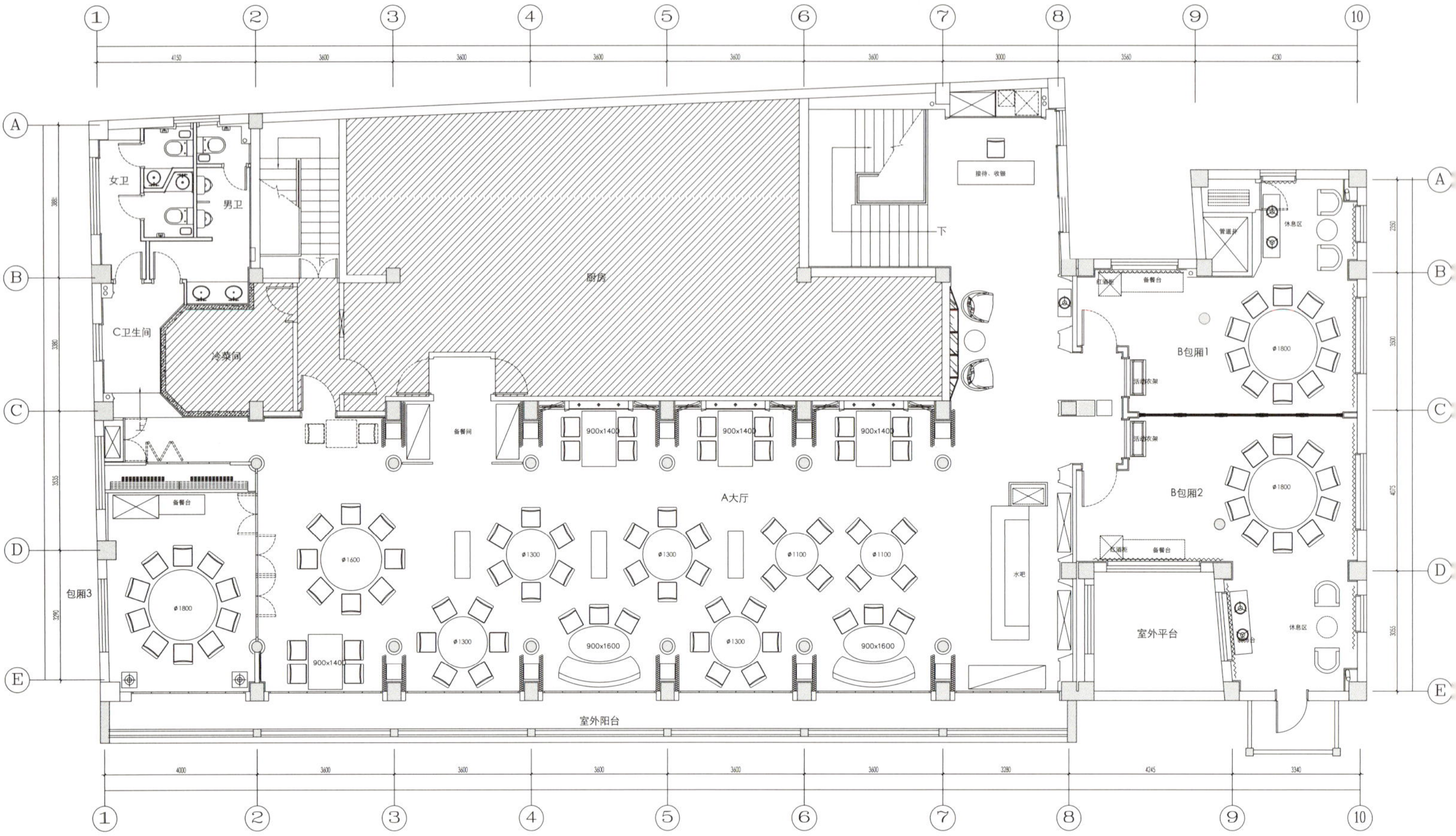

二层平面图

ZEN
ZEN

主案设计：
孙华锋 Sun Huafeng
博客：
http:// 154449.china-designer.com
公司：
新加坡WHD酒店设计有限公司
职位：
总经理

奖项：
2011年获金堂奖"年度十佳餐饮空间设计作品"奖项
2011年获CIID中国室内设计大奖赛商业工程类铜奖
2010年获金堂奖"年度优秀休闲空间设计"奖项
2009年获CIID中国室内设计二十年"杰出设计师"称号

项目：
经三路百年老妈火锅总店
四季怀石料理
金沙湖高尔夫球俱乐部会所
凯旋门七号会馆
苏园酒店
大班会SPA会所
洛阳湘鄂汇酒店

兰亭壹号
Lanting No.1

A 项目定位 Design Proposition
兰亭壹号位于山西太原滨河东路，是以尊崇传统文化及健康养生经营理念为主导的高端餐饮会所。

B 环境风格 Creativity & Aesthetics
室内空间融中国传统文化的高贵典雅与现代时尚创意于一体。运用现代设计语汇进行室内空间规划。

C 空间布局 Space Planning
设计师运用中国古典窗格、传统工艺的漆柜等元素提炼出具现代审美情趣的形式，使其成为空间界面的肌理，透过光线的映衬烘托出静谧、深沉、高雅的空间氛围。而水元素的加入则活跃了空间，潺潺细流的水幕墙背后是雕刻着王羲之《兰亭集序》的石板，静逸中透着灵动。

D 设计选材 Materials & Cost Effectiveness
走廊尽头万佛墙与现代工艺制作的金属荷花的搭配，材质冲突中意境却和谐，呼应了传统结合现代的设计手法。会所的陈设设计采用中西合璧的方式，力求通过西式家具的舒适度与中式家具的传统韵味相结合营造私密尊贵且具人文气息的空间气质。墙面悬挂的字画均为大师真迹且经过设计师对比例尺度的严格把控，使其和谐融入空间之中，是整个会所的点睛之笔。精心订制的灯具与空间形成完美的对话，传统绘画复制的漆屏散发着细腻悠远的古韵。

E 使用效果 Fidelity to Client
整个空间沉而不闷、透而不散，于无形间流露出浓浓的古典人文气息，表达出对传统文化的敬意与向往。置身兰亭壹号，享受美食与艺术的美妙体验。

Project Name_
Lanting No.1
Chief Designer_
Sun Huafeng
Participate Designer_
Kong Zhongxun, Li Ke, Zhang Lijuan
Location_
Taiyuan Shanxi
Project Area_
1450sqm
Cost_
4,800,000RMB

项目名称_
兰亭壹号
主案设计_
孙华锋
参与设计师_
孔仲迅、李珂、张利娟
项目地点_
山西 太原
项目面积_
1450平方米
投资金额_
480万元

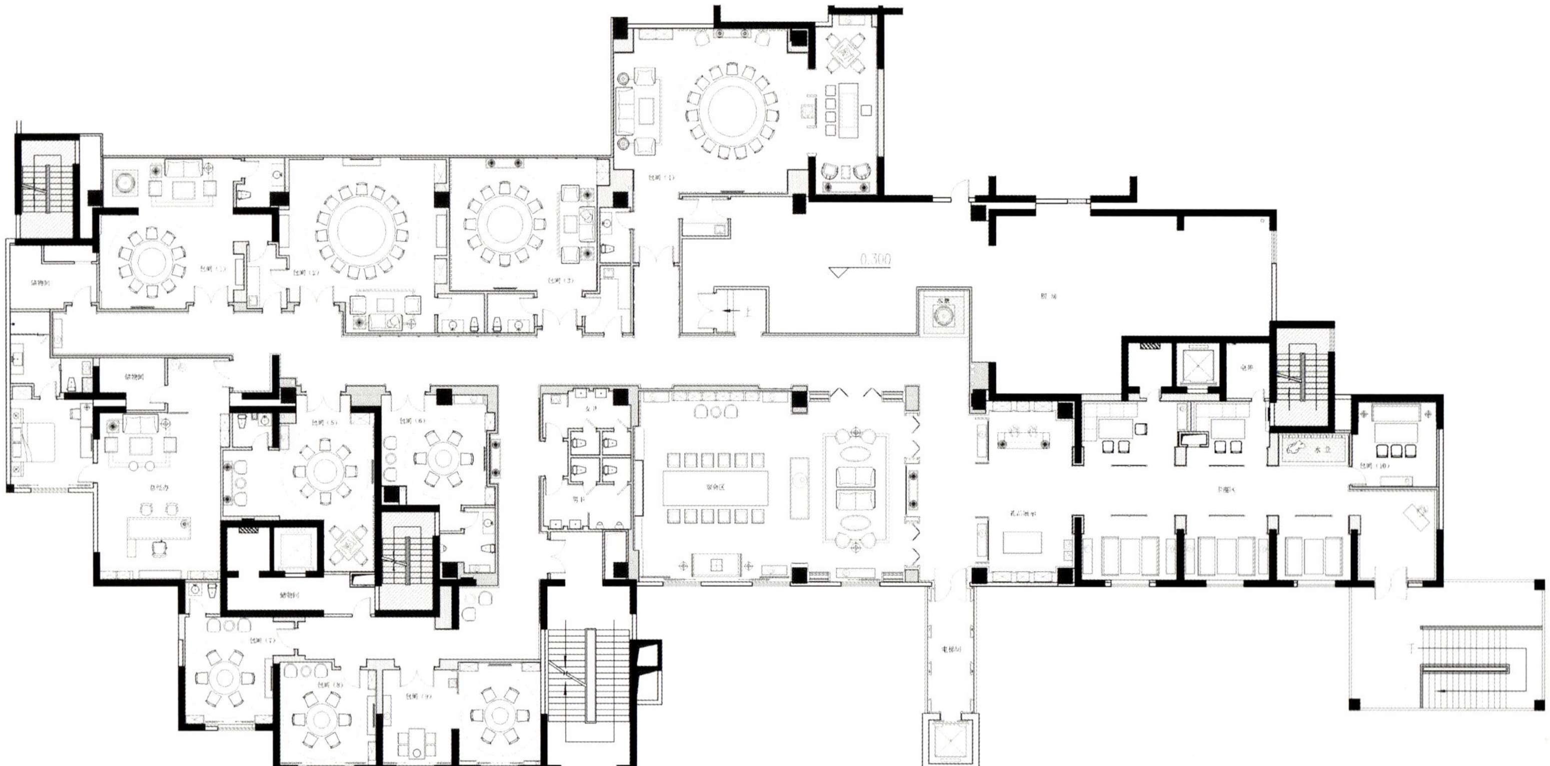

平面布置图

蘭亭
壹號
NO.1
LANTING
CLUB

主案设计：
王砚晨 Wang Yanchen
博客： http:// 456069.china-designer.com
公司： 经典国际设计机构（亚洲）有限公司
职位： 首席设计总监
职称：
经典国际设计机构(亚洲)有限公司 首席设计总监
北京至尚经典装饰设计有限公司 首席设计总监
中国建筑学会室内设计分会 会员
奖项：
2011金外滩奖最佳景观设计大奖
2011金外滩奖最佳休闲空间设计奖
2011CIID中国室内设计学会奖 商业工程类银奖
2011金堂奖年度海外设计市场拓展提名奖
2012中国室内装饰学会优秀设计奖
2012金外滩奖国际室内设计节 最佳材料运用奖
项目：
茗藤茶艺 体验馆
眉州东坡三苏祠 餐厅 园林及室内
王家渡火锅
眉州东坡酒楼—奥运主题餐厅
小渡火锅

王家渡火锅亦庄店
Wangjiadu Hotpot Restaurant Yizhuang

A 项目定位 Design Proposition
一切源自对自然之美的尊重。自然之美要求社会性和自然性的高度统一，坐落于北京亦庄的王家渡火锅就是强调着人与自然的和谐。

B 环境风格 Creativity & Aesthetics
能够去感受自然、发现自然，这都归功于在现代空间中对传统元素的当代运用。

C 空间布局 Space Planning
整个项目的进程既是一次对空间的整合又像是进行着一场再造自然的活动。我们使用最单纯的设计语言，把安静的气氛融入空间之中，置身室内，窗外的自然美景是最大的视觉重心。我们可以静观微风吹过，枝叶飘摇。水光天色，山重树茂，无不快哉。

D 设计选材 Materials & Cost Effectiveness
自然的意象给设计师带来许多灵感。如果我们不能选择违逆自然规律，何不顺从于自然，返璞归真呢？在设计师眼中，人在自然与生命轮回之间微小的像是一粒尘埃，能让尘埃落定的只有依靠自然了。选择具有东方特色的艺术语言正表达着设计师对自然的诚服与尊重，该项目所赋予的正是对这种现象的一种关注。

E 使用效果 Fidelity to Client
这是自然带给我们的无私馈赠,也是设计师为渴望自然的都市人带来的一点心灵慰藉。

Project Name_
Wangjiadu Hotpot Restaurant Yizhuang
Chief Designer_
Wang Yanchen
Participate Designer_
Li Xiangning, Yi Yan, Wang Mengsi
Location_
Yizhuang Beijing
Project Area_
1,700sqm
Cost_
7,500,000RMB

项目名称_
王家渡火锅亦庄店
主案设计_
王砚晨
参与设计师_
李向宁、易艳、王梦思
项目地点_
北京 亦庄经济开发区
项目面积_
1700平方米
投资金额_
750万元

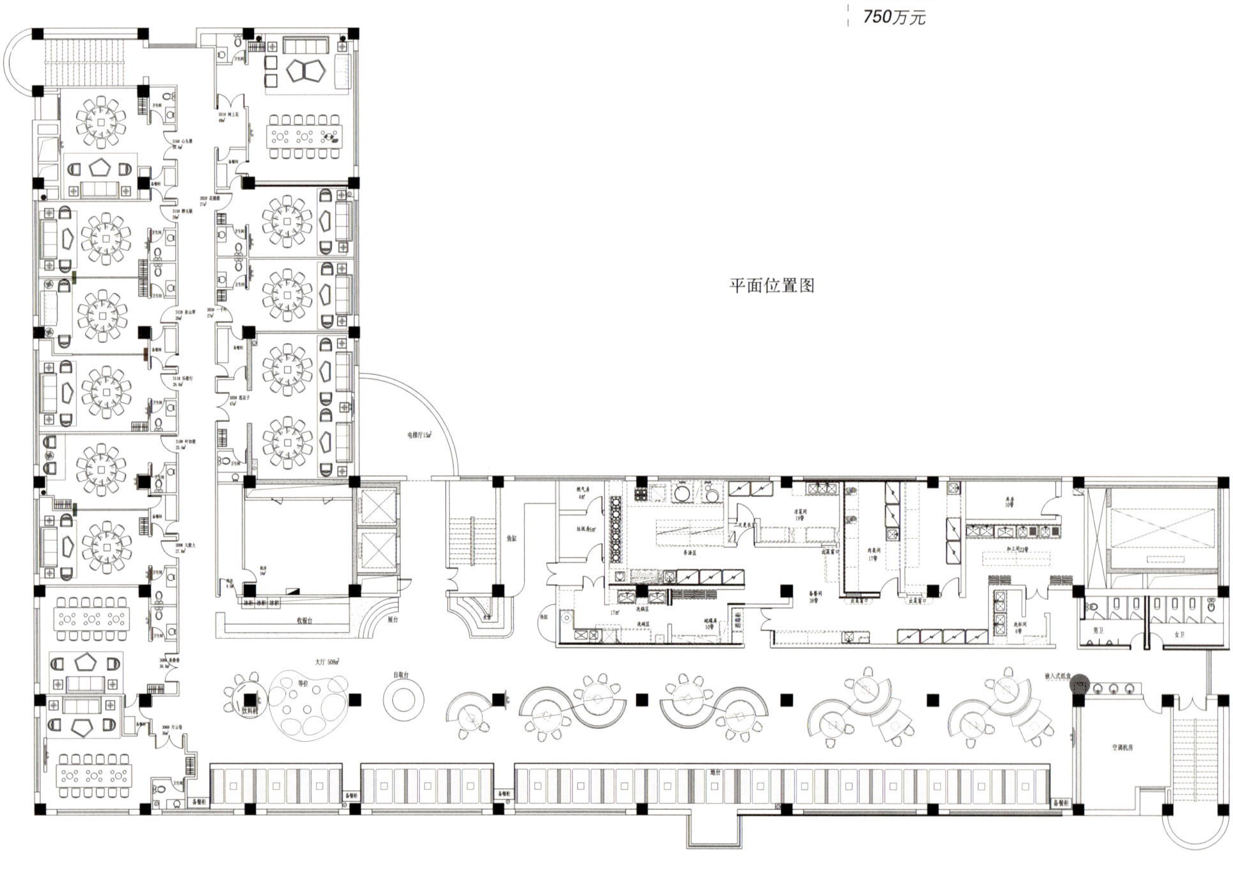

平面位置图

點筆寫遊魚活潑多生意波清
樂可知頓超濠濮思懶雲

主案设计：
李向宁 Li Xiangning
博客： http:// 464835.china-designer.com
公司： 经典国际设计机构（亚洲）有限公司
职位： 艺术总监
职称：
意大利米兰理工大学国际室内设计硕士
经典国际设计机构(亚洲)有限公司艺术指导
北京至尚经典装饰设计有限公司 艺术指导
中国建筑学会室内设计分会会员
奖项：
2011金外滩奖：最佳景观设计大奖
2011金外滩奖：最佳餐厨空间设计奖
2011金外滩奖：最佳休闲空间设计奖
2011CIID：中国室内设计学会奖 商业工程类银奖
2011金堂奖：年度海外设计市场拓展提名奖
2012中国室内装饰学会：优秀设计奖
2012金外滩奖：国际室内设计节 最佳材料运用奖
项目：
大董餐厅
若藤茶艺 体验馆
王家渡火锅
小渡火锅
TEA HOUSE 美国
眉州东坡三苏祠 餐厅 园林及室内
眉州东坡酒楼—奥运主题餐厅

眉州东坡酒楼亦庄店新建贵宾区

Meizhou Dongpo Restaurant Yizhuang VIP area

A 项目定位 Design Proposition

眉州东坡亦庄贵宾区项目位于北京亦庄眉州东坡的四层，是基于现已极度饱和的就餐空间新增加的楼层。品牌创立人期望新的楼层能将博大的东坡文化融入奢侈的空间环境，让宾客在舒适优雅的空间里享用美食同时感受到东坡文化的浓厚氛围。

B 环境风格 Creativity & Aesthetics

设计师尝试运用现代的手法，演绎中国传统文化的内在精神本质，展示新材料和传统材料的无限表现才能。利用水墨方式呈现中国传统哲学的处事之道，空间中充满灵动的自然之美。

C 空间布局 Space Planning

空间中大幅水墨山水壁画的载体不再是丝绸玻璃，东坡泛舟赤壁的经典画面也被重新解构，随着视线的移动，山水和人物在空间中形成新的视觉映像。这些层迭变化的界面将内部空间进行了重新定义，顺应了空间跨度的美学需要，并传递了某种微妙的动感。使人不再感到置身在一个静态的空间中。

D 设计选材 Materials & Cost Effectiveness

空间中运用大量的传统丝绸面料，与新的玻璃材质相结合，创造出充满自然美又兼顾时代感的材料，优雅的表现传统艺术的温婉雅致。在四层电梯的入口处，一面仿古铜镜映衬出的画面着实令人叹为观止，出口对面的铁艺雕刻屏风巧妙隔开等候休息区和收银区，传统的中式屏风，由最现代的钢铁材料和激光技术重新演绎，呈现出迥然不同的审美情趣，使空间像充满禅意的中式园林。

E 使用效果 Fidelity to Client

提供一个全新的角度让我们了解传统的韵味、表情以及印象；创造一种特性，将时尚、艺术且具怀旧情结的价值观加以融合。

Project Name_
Meizhou Dongpo Restaurant Yizhuang VIP area
Chief Designer_
Li Xiangning
Participate Designer_
Wang Yanchen, Yi Yan, Wang Mengsi
Location_
Yizhuang Beijing
Project Area_
1,700sqm
Cost_
8,600,000RMB

项目名称_
眉州东坡酒楼亦庄店新建贵宾区
主案设计_
李向宁
参与设计师_
王砚晨、易艳、王梦思
项目地点_
北京 亦庄经济开发区
项目面积_
1700平方米
投资金额_
860万元

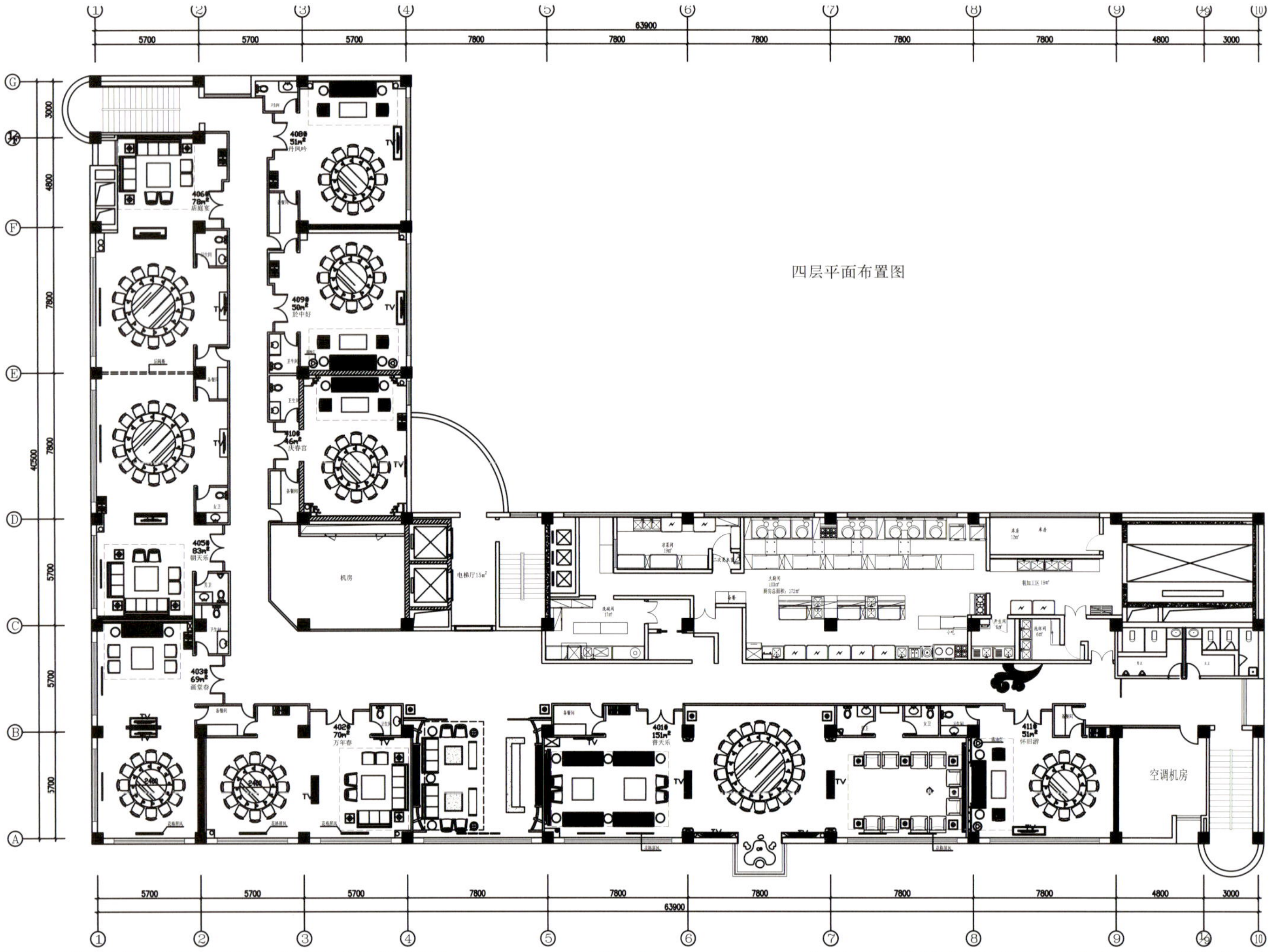
四层平面布置图
空调机房
63900
5700
5700
5700
7800
7800
7800
7800
7800
4800
3000
40500
1
2
3
4
5
6
7
8
9
10
A
B
C
D
E
F
G

主案设计：
朱晓鸣 Zhu Xiaoming
博客：
http:// 468252.china-designer.com
公司：
杭州意内雅建筑装饰设计有限公司
职位：
创意总监、执行董事

奖项：

2012中国室内设计陈设艺术先锋人物

2011年“金堂奖”中国年度十佳、优秀样板间／售楼处设计大奖

2011年“金堂奖”中国年度优秀娱乐空间设计大奖

2011年 CIID杭州室内设计大奖“学会工程奖地产类设计一等奖”

2011年 CIID杭州室内设计大奖“学会工程奖·娱乐空间设计二等奖”

2011年 十四届中国室内设计大奖赛学会奖

项目：

IN LOFT 办公空间设计
西溪MOHO售展中心
IN BASE 3 CLUB
乐清玛得利餐厅
中雁风景区岭尚汇
缤纷时代国际娱乐会所
义乌名廷食家私家海鲜工坊

宁波美泰泰国餐厅

Mango Thai

A 项目定位 Design Proposition

随着近几年国内不断涌现不同国域、地域的风情餐厅；泰国餐厅也越来越受国人喜爱，就此案来讲场所位于商场三层，面积并不大，外优势并不明显，而打造空间的内优势，借以独特的自我特征识别，达到良好的传播是我们设计中考虑的重点。

B 环境风格 Creativity & Aesthetics

在设计风格的导入中，考虑其建筑的层高，及结合来访者的年龄层特质，并未一味地将泰式暹罗建筑特质的灿烂辉煌、塔尖翘角等较为异域华丽的元素强加运用。

C 空间布局 Space Planning

本案在区域划分中反常规的将餐厅入口移置到人流交通的最远端，使来访者在迂回的踱步中对整个用餐氛围有所感知，刻意使客户在餐厅门口廊道中有所积流而不是快速分流，进入等待区后，再通过双通道分流。用餐区根据人群结构不同割划了对坐区、卡区、散座区、包厢区等。

D 设计选材 Materials & Cost Effectiveness

在整体较为质朴、平和、随性的“底色”中略施粉黛，恰当的加入了有泰式民族特色的鲜活图案及色块，进行“矛盾”的破坏。

E 使用效果 Fidelity to Client

空间既有泰国风情，又有再创的现代时尚感与热带气息的轻松用餐环境。

Project Name_
Mango Thai
Chief Designer_
Zhu Xiaoming
Participate Designer_
Zhang Tianming
Location_
Ningbo Zhejiang
Project Area_
300sqm
Cost_
800,000RMB

项目名称_
宁波美泰泰国餐厅
主案设计_
朱晓鸣
参与设计师_
张天明
项目地点_
浙江省 宁波市
项目面积_
300平方米
投资金额_
80万元

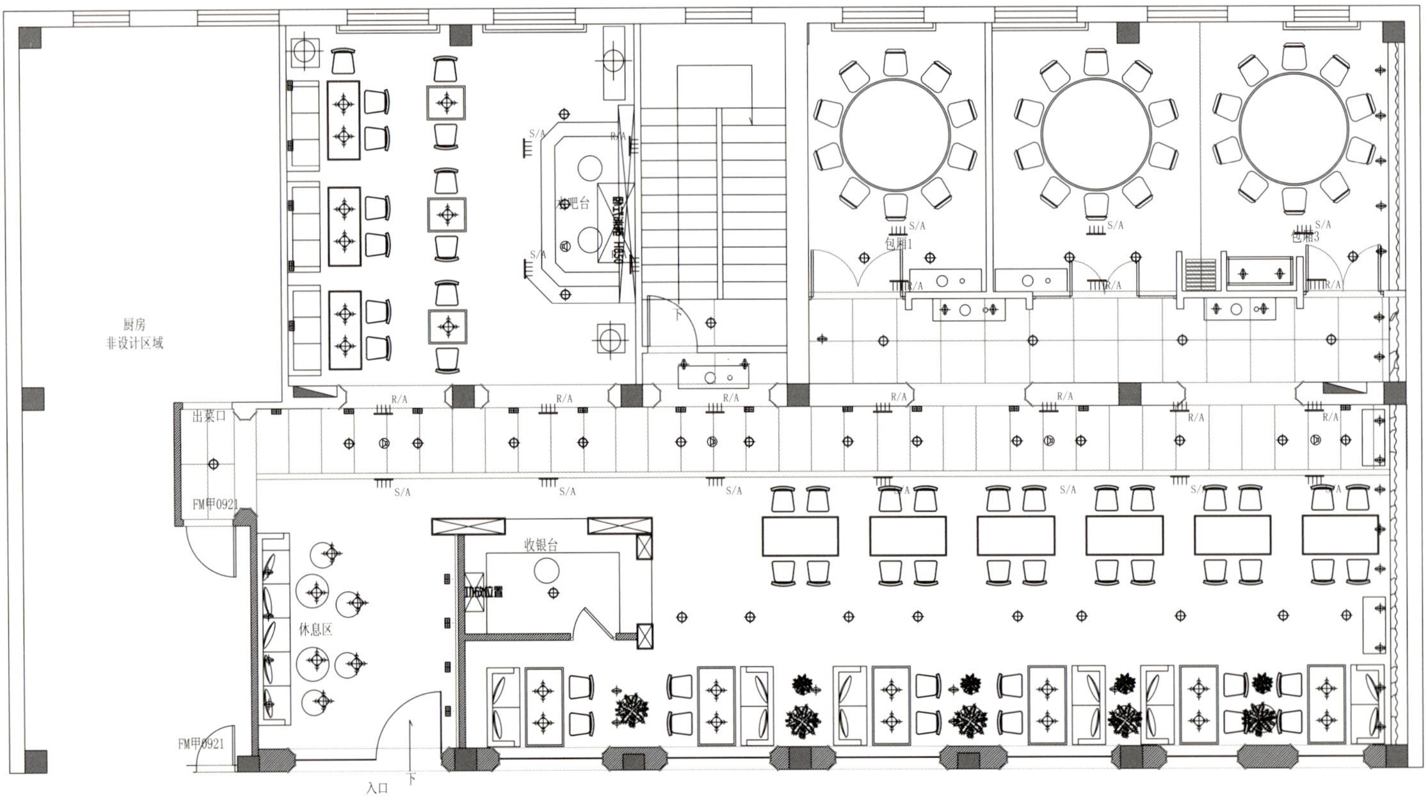

平面图

主案设计：
杨俊辉 Yang Junhui
博客：
http:// 262124.china-designer.com
公司：
北京镇海设计顾问有限公司
职位：
总经理、设计总监

奖项：

2011年中国建筑装饰协会，荣获“中国国际设计2011年度资深•杰出•优秀设计师

2011年中国国际设计艺术博览会评选为“2010-2011年度资深设计师”

2012年中国建筑装饰协会，荣获“2012年度全国有成就的资深室内建筑师

2012年中国建筑装饰协会，荣获“2012年度十大最具影响力设计师

项目：

润佳大饭店
道乐蒙恩国际俱乐部
京都新世纪高尔夫俱乐部
东京都高尔夫球俱乐部
乙十六号商务会所
鸿达中医养生会所
常青柏丽女子美容会所
鼎天理财顾问有限公司办公室
上海百汇园样板间
京都房地产样板间

乙十六号商务会所三期——盛世堂

NOBLE CLUB

A 项目定位 Design Proposition

用丰富的中国传统语言，感受新中式的情景，区别市场的俗气高档。

B 环境风格 Creativity & Aesthetics

以秦代、唐代、汉代为设计理念,创造一个新古典中式的纯新感觉！
每个包房有独立的厨房，为客户营造独有专属的氛围。

C 空间布局 Space Planning

均采用不同形式的影壁及屏风，并采用中轴线的配置，突显中式文化庄重稳健的特色。

D 设计选材 Materials & Cost Effectiveness

运用材料的创新及更多的手工制作，如秦代包房的青铜盔甲钉及手工特殊漆。

E 使用效果 Fidelity to Client

此包房推出后产生了很特别的营销方式，也为客户创造了巨大的利润！

Project Name_
NOBLE CLUB
Chief Designer_
Yang Junhui
Location_
Hepinglizhongjie Beijing
Project Area_
258sqm
Cost_
1,500,000RMB

项目名称_
乙十六号商务会所三期——盛世堂
主案设计_
杨俊辉
项目地点_
北京 和平里中街
项目面积_
258平方米
投资金额_
150万元

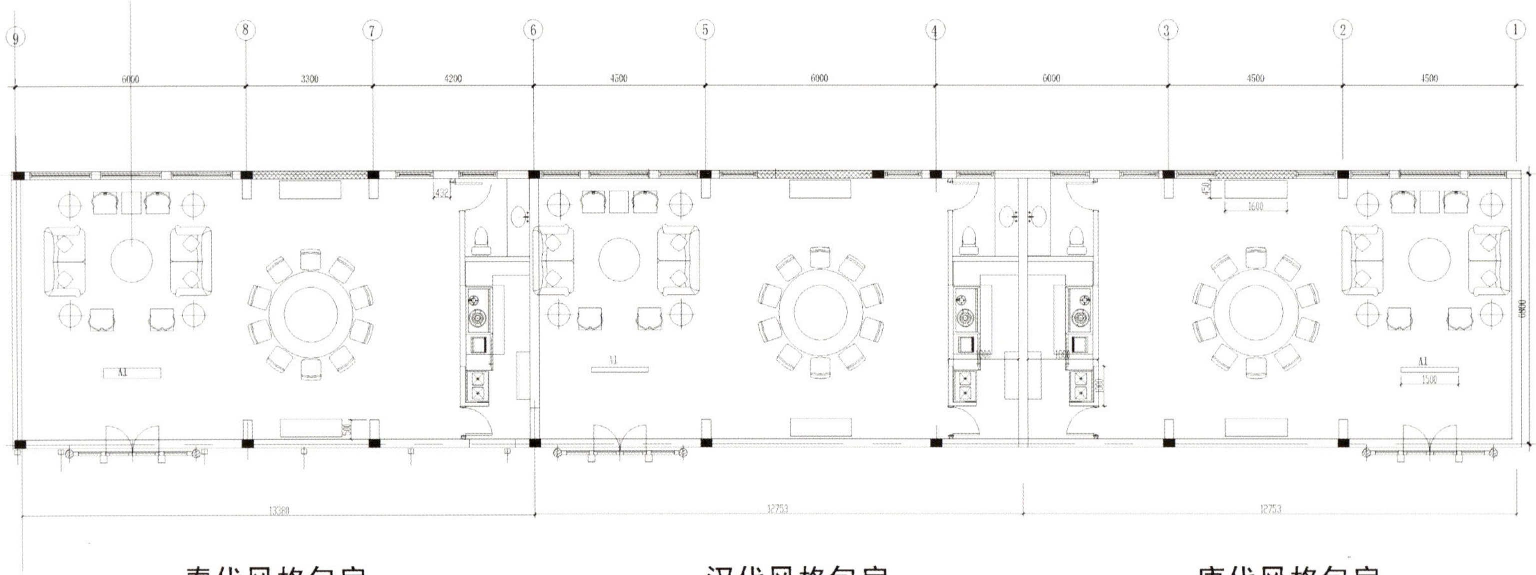

秦代风格包房　　汉代风格包房　　唐代风格包房

平面位置图

主案设计：
张灿 Zhang Can
博客：
http:// 472103.china-designer.com
公司：
四川创视达建筑装饰设计有限公司
职位：
创作总监

奖项：

2009“照明周刊杯”中国照明应用设计大赛成都赛区金奖

2009“照明周刊杯”中国照明应用设计大赛全国总决赛会所类二等奖

2011年金堂奖十佳办公空间作品奖、金堂奖十佳公共空间作品奖。

2011年CIID第十四届中国室内设计大奖赛银奖、铜奖

项目：

周大福重庆旗舰店
四川教育学院艺术楼
德阳高尔夫会所
上海诺华办公楼
面包新语仁恒店
澳洲湾样板间

老房子水岸元年食府

Shui An Yuan Nian Restaurant,The Old House

A 项目定位 Design Proposition

成都老房子集团 一直以其极富个性的主题餐厅，演绎着现代时尚川菜的理念。此次“老房子水岸元年”食府落户深圳“欢乐海岸”，在这个都市的娱乐标的为深圳市民带来不一样的成都风情。

B 环境风格 Creativity & Aesthetics

作为主体餐厅，设计师讲求在空间中贯穿一条始终的主线，明确而清晰的逻辑感是关键要素，设计师希望还原水岸最初的模样，用最本真的表达来展现品牌文化里最可贵的诚意。两位设计者在最初的讨论中使用了“漂浮”的概念，并加以升华与提炼。

C 空间布局 Space Planning

空间的构想主要利用了建筑物的一层共享空间和三层的屋顶平台，一层的共享空间，楼层空间高达10m，设计师设想用一个充满星光的天棚来象征时光的倒流，让人回到水岸最早的原始状态。

D 设计选材 Materials & Cost Effectiveness

在材质选择上，餐厅既希望强调水岸的最初状态，同时又要顾忌到客人就餐时所需要的轻松氛围，所以，主要是协调原始感和现代感的对比。比如，餐厅一层、二层用了较多的瓦片、陶罐、陶画、回形图像、茅草，与光洁的大理石形成对比。同时，一层的家具选择了老式圈椅的元素，却用银色调来强调现代感。三层的室内只用了大面积玻璃与瓦片来进行对比，干净简单、质感的差异化突出；室外则完全强调原始感，与室内的瓦片产生呼应，大片茅草和老木，让餐厅的户外有了回归自然的感觉。

E 使用效果 Fidelity to Client

在这个都市，为深圳市民带来不一样的成都风情。

Project Name_
Shui An Yuan Nian Restaurant,The Old House
Chief Designer_
Zhang Can
Participate Designer_
Yang Qiao, Yang Hongbin
Location_
Shenzhen Guangdong
Project Area_
1,920sqm
Cost_
8,200,000RMB

项目名称_
老房子水岸元年食府
主案设计_
张灿
参与设计师_
杨樵、杨鸿彬
项目地点_
广东省 深圳
项目面积_
1920平方米
投资金额_
820万元

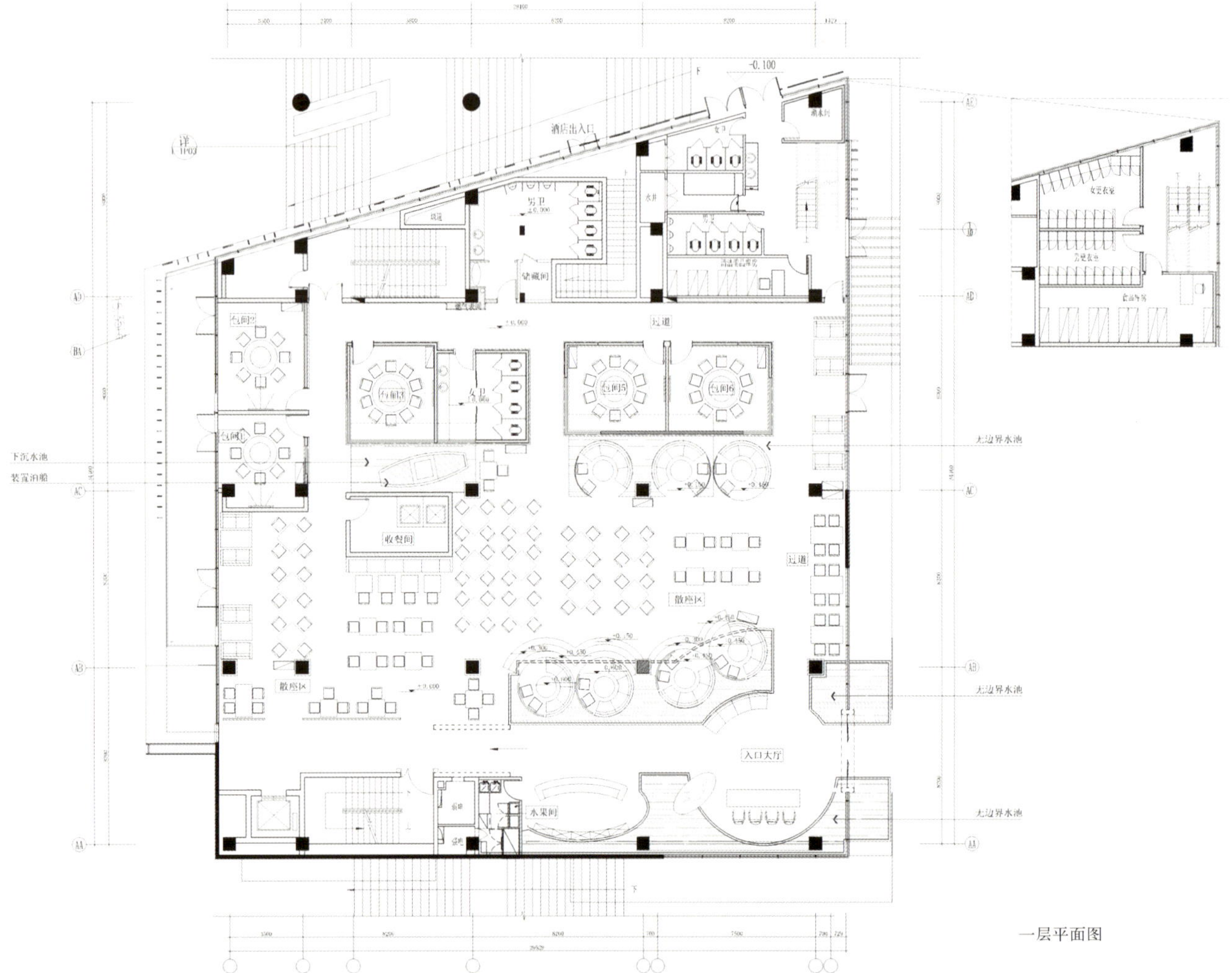
酒店出入口
男卫
储藏间
过道
包间2
包间3
女卫
包间5
包间6
包间1
下沉水池
装置泊船
大边界水池
收银间
过道
散座区
散座区
入口大厅
水果间
大边界水池
大边界水池

一层平面图

主案设计:
利旭恒 Li Xuheng
博客:
http:// 42986.china-designer.com
公司:
古鲁奇设计公司 GOLUCCI DESIGN LIMITED
职位:
设计总监

奖项:
金堂奖
亚太室内设计大奖
金外滩奖
台湾TID大奖

项目:
鼎鼎香
麻辣诱惑
权金城
汉拿山
港丽
烧肉达人
牛公馆

又及餐厅
P.S. Restaurant

A 项目定位 Design Proposition

位于北京中关村的P.S. Restaurant又及餐厅唤起人们校园食堂的回忆，柔和的绿色系色彩和天然的大理石如同一个有机的调色盘，提供刚刚踏出校园的年轻学子们心灵加油站。

B 环境风格 Creativity & Aesthetics

设计师的概念是在600平方米的空间中规划成5个功能区块，除厨房、吧台等基本后场之外，所有的外场用餐区域以环境心理学的模式呈现，每个面向喧嚣都会为主的景观用餐区都被赋予独特的调色盘与窗口来帮助人们审读自我，同时透过窗口静观这纷扰的城市，为不同的人们创造一个属于他们自己的心灵加油站。

C 空间布局 Space Planning

设计师针对都会商业区白领族群的用餐心理，精心布局四个属性独特的餐区，各个风格相同，手法相异。

D 设计选材 Materials & Cost Effectiveness

餐区之间非常注意颜色与材料的运用，小阁楼餐区全绿色空间，白色的楼梯通天隐喻人们努力向上的必要性，躺坐在小阁楼餐区的缆骨头上，搭配一杯热奶茶，绝对独享属于自己的身心避风港。

E 使用效果 Fidelity to Client

设计颇为具有新意，业主十分满意。

Project Name_
P.S. Restaurant
Chief Designer_
Li Xuheng
Participate Designer_
Zhao Shuang, Zheng Yanan
Location_
Zhongguancun Beijing
Project Area_
850sqm
Cost_
5,000,000RMB

项目名称_
又及餐厅
主案设计_
利旭恒
参与设计师_
赵爽、郑雅楠
项目地点_
北京 中关村
项目面积_
850平方米
投资金额_
500万元

VANS

主案设计：
刘世尧 Liu Shiyao
博客：
http:// 485292.china-designer.com
公司：
河南鼎合建筑装饰设计工程有限公司
职位：
执行董事

奖项：
2011年获金堂奖“年度十佳餐饮空间设计作品”奖项
2010年获CIID中国室内室内陈设艺术类二等奖
2010年获美国INTREIOR DESIGN十大封面人物
2009年获中国室内设计大奖赛商业工程类二等奖

项目：
经三路百年老妈火锅总店
洛阳湘鄂汇酒店
四季怀石料理
金沙湖高尔夫球俱乐部会所
凯旋门七号会馆
苏园酒店
大班会SPA会

苏园（东区店）
Suzhou Gardens No.1

A 项目定位 Design Proposition
“良辰美景奈何天，便赏心乐事谁家院？”几年前欣赏《牡丹亭》的那晚，我仿佛穿越了时空，步入了一个江南的庭院，目睹了一段六百年前的凄婉缠绵的爱情故事。几年后再做苏园，这大美的印象便成了此次设计的主题。

B 环境风格 Creativity & Aesthetics
把声音与建筑，餐饮与文化很好的融合，承载出另一种文化餐饮消费方式，使它成为一种文化景观，一种城市记忆。

C 空间布局 Space Planning
原建筑为两层结构现代风格的售楼中心，我们有意识将会所入口设计为通过庭院进入廊道再进入会所，让客人有节奏地感受到中国园林的含蓄和精致。改造成的建筑为简约的徽派建筑形式。为了将厅堂版《牡丹亭》在会所中演绎，我们在兼做散台区的中庭采用了中国传统徽派建筑的榫卯木结构，并将地板做成升降地板以备演出、活动之用。餐包的设计以书架为依托体现出中国文人雅士的情怀，以大美、素雅、含蓄来传递出会所的风雅气质。

D 设计选材 Materials & Cost Effectiveness
在陈设设计中，采用西方新古典及新中式家具的混搭，宝蓝色布草的运用使大面积木色藤编的暖色得以很好的平衡，布幔和竹帘让在散台区的客人既有了围合感又打破了传统木构建筑的生硬。

E 使用效果 Fidelity to Client
业主十分满意。

Project Name_
Suzhou Gardens No.1
Chief Designer_
Liu Shiyao
Participate Designer_
Sun Huafeng, Li Xirui, Liang Jianli, Sun Jian
Location_
Zhengzhou Henan
Project Area_
1,510sqm
Cost_
11,000,000RMB

项目名称_
苏园（东区店）
主案设计_
刘世尧
参与设计师_
孙华锋、李西瑞、梁建立、孙健
项目地点_
河南 郑州
项目面积_
1510平方米
投资金额_
1100万元

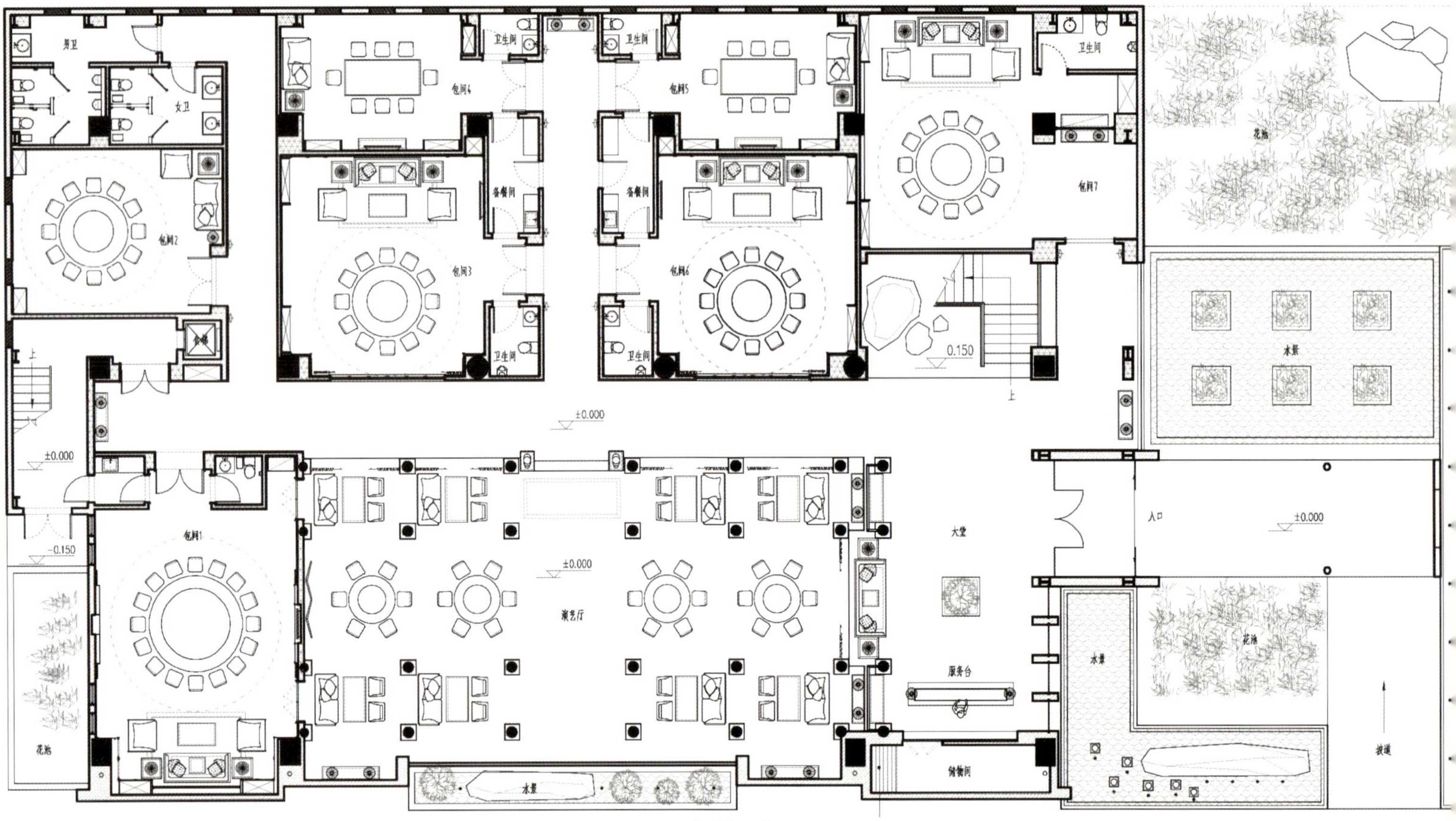
男卫
女卫
卫生间
包间4
包间5
包间7
花池
包间2
备餐间
包间3
包间6
0.150
水景
±0.000
包间1
-0.150
大堂
入口
服务台
储物间
坡道

一层总平面图

主案设计：
官艺 Guan Yi
博客：
http:// 18043.china-designer.com
公司：
绿松石空间设计
职位：
设计总监

奖项：
2010年中国建筑装饰工业设计大赛——设计天才奖
2011金堂奖年度十佳别墅设计奖
2011年新浪乐居 里斯戴尔杯全国室内墙艺设计大赛 一等奖
2012年首届中国软装100设计盛典 十佳作品奖
2012第五届中国十大配饰设计师奖

渔家庄
Yoga restaurant

A 项目定位 Design Proposition
食之美，造味与造境，《灵枢·胀论》中记录：“胃者，太仓也”，以其容纳水谷，故名。太仓，这个扬子江畔的鱼米之乡，自古便与粱谷美食有着不解之缘。

B 环境风格 Creativity & Aesthetics
这是位于江苏省太仓市的一处中餐厅，规模不大，但玲珑有致。“素黑锦秀，光氤渲染。入门有二十落座，鱼莲相依。上楼，设金、木、水、火、土五行相伴。用心造味，境由心生”——浸染古意的文字中透露出一丝空间的气韵。

C 空间布局 Space Planning
此次的设计是在原有400多平方米的老店基础上进行面积缩减，并重新换装。仅仅30天的设计与施工时间里，设计师全凭对这家小馆的感情与对设计的感受来追赶进度：没有一张图纸，依靠眼与脑的度量规划，以及亲自动手来让空间一步步达到自己预期的氛围效果。

D 设计选材 Materials & Cost Effectiveness
美岩水泥板为空间定下了极简洗练的基调，并强化其质感与肌理的对比关系。大面积的灰色也为空间中丰富的配饰提供了一个可融合的基底。在墙面的配饰上，设计师前期明确概念：用与包厢主题“金、木、水、火、土”相呼应的装置性配饰来完成。围绕这五个主题概念的家具与陈设，是设计师利用工厂定制、手工制作、上网淘宝等多方面搜索来的元素拼接，空间中的每一个物件都充满了个性特色，并且成功控制在极低的成本里，是权衡美感与开支之后的“最合适”的方案。

E 使用效果 Fidelity to Client
在这份安静平和之中，美味本帮菜的细腻与素雅空间的精致相得益彰，是造味与造境糅合之后的浑然天成。

Project Name_
Yoga restaurant
Chief Designer_
Guan Yi
Location_
Taicang Suzhou Jiangsu
Project Area_
205sqm
Cost_
350,000RMB

项目名称_
渔家庄
主案设计_
官艺
项目地点_
江苏 苏州 太仓市
项目面积_
205平方米
投资金额_
35万元

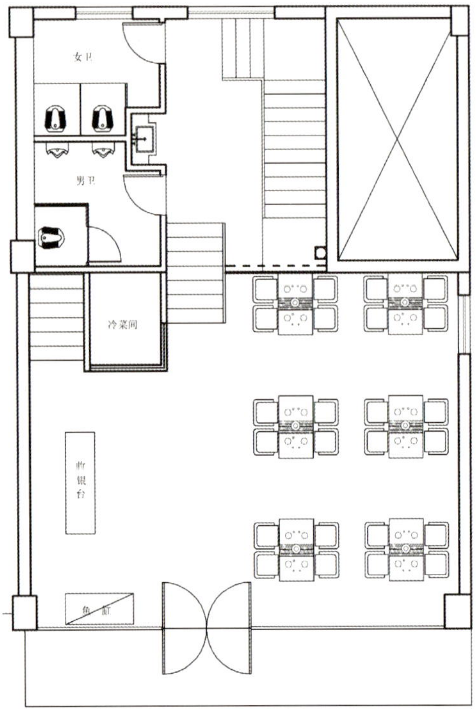

一层平面图

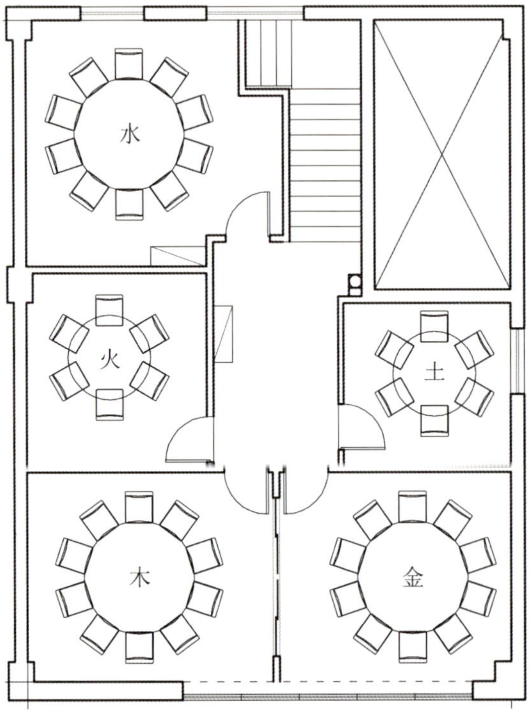

二层平面图

主案设计：
刘红蕾 Liu Honglei
博客：
http://131948.china-designer.com
公司：
深圳毕路德建筑顾问有限公司
职位：
创意总监

奖项：
纽约第八届Hospitality Design Awards 最奢华酒店奖
纽约第八届Hospitality Design Awards 最奢华酒店公共空间奖
金外滩奖优秀酒店设计奖
广州国际设计周"金堂奖"最佳酒店空间设计
亚太室内设计大奖（APIDA） 优秀奖

项目：
海口鸿州埃德瑞皇家园林酒店
国电宁夏太阳能有限公司办公室
南海意库
国电宁夏多晶硅厂房办公室

海口鸿州埃德瑞皇家园林酒店冬宫餐厅
The Eadry Royal Garden Hotel Winter Palace Restaurant

A 项目定位 Design Proposition

作为海口鸿洲埃德瑞皇家园林酒店中的重要餐厅，冬宫餐厅继承和延续了酒店体现传统中国文化的风格，处处透露出古老中国的文化气息。 本餐厅设计灵感来源于中国古代的五行物质观。将金、木、水、火、土五种要素，通过设计语汇进行空间内的艺术演绎。

B 环境风格 Creativity & Aesthetics

设计力求通过对传统文化的认识，将现代元素和传统元素结合在一起，以现代人的审美需求来打造富有传统韵味的事物，让传统艺术在当今社会得到合适的体现。

C 空间布局 Space Planning

保障每间餐厅的尊贵感和私密感，同时在墙面设置了大尺寸的落地窗，可将室外的美景轻松引入室内，使得室内外空间形成完美呼应。

D 设计选材 Materials & Cost Effectiveness

充分汲取中国文化中极具特色的元素，通过丝、木材、石材的巧妙组合，营造出了一种静谧的软空间，让人不禁有回归自然、思想超脱之感。餐厅设置了超大尺度的独立包房。

E 使用效果 Fidelity to Client

业主十分满意。

Project Name_
The Eadry Royal Garden Hotel Winter Palace Restaurant
Chief Designer_
Liu Honglei
Participate Designer_
Min Jiang, Yang Yuxin
Location_
Haikou Hainan
Project Area_
713sqm
Cost_
4,000,000RMB

项目名称_
海口鸿州埃德瑞皇家园林酒店冬宫餐厅
主案设计_
刘红蕾
参与设计师_
闵江、杨宇新
项目地点_
海南 海口
项目面积_
713平方米
投资金额_
400万元

主案设计：
康拥军 Kang Yongjun
博客：
http:// 152415.china-designer.com
公司：
乌鲁木齐大木宝德设计有限公司
职位：
总经理

奖项：
2009 中国室内设计师年度封面人物
2008 在中国（上海）国际建筑及室内设计节中荣获“最佳酒店设计奖”提名
2007 在第三届中国国际艺术观摩展中荣获“年度设计艺术成就奖”
2007 荣获美国室内设计中国区“最佳酒店设计奖项”提名

项目：
北京798白盒子艺术馆
乌鲁木齐鸿宝斋画廊
新疆回府君悦大酒店
全聚德乌鲁木齐店
新疆吉利阿斯塔纳玉器城
新华北路、新医路等路段的地下通道改造工程

荔湾港式火锅专门店

Liwan Hong Kong-style hot pot shop

A 项目定位 Design Proposition

荔湾港式火锅专门店地处市中心繁华的新华北路西大桥丹璐购物中心4楼，是一家以“健康、营养、鲜美”为主题的港式精品火锅店。

B 环境风格 Creativity & Aesthetics

荔湾在传统火锅的基础上精益求精，将广东靓汤和新鲜美味的食材相结合，既包容了各种时尚流行美食元素，更体现了健康养生的饮食结构，这不仅仅是对饮食的追求，更是传播“以食养身”的饮食概念。

C 空间布局 Space Planning

荔湾火锅共划分了进厅、走廊、散台、包厢四个主要区域。走廊部分为了增加上座人数，流线设计单线，所以走廊是本次设计的亮点之一。散台部分首先映入眼帘的是粗犷的裸顶和时尚的造型，粗狂里又透着细致，坐在窗边的卡座上欣赏着美丽的街景，感受着浓浓的火锅文化。包厢部分设计简约，色调统一，半透的门窗将包厢与走廊相隔，在光与影的叠加下，更突显包厢的精致和私密。

D 设计选材 Materials & Cost Effectiveness

进厅部分运用了海洋生物的元素，设有海鲜鱼缸和落水酒架，落水酒架既调节了室内湿度，又有降低室内温度的作用；同时入口运用了光纤灯，与项目本身紧密结合。

E 使用效果 Fidelity to Client

走出荔湾火锅还为它舒适的色调，优美的音乐久久停留在海洋的进厅，流连忘返。

Project Name_
Liwan Hong Kong-style hot pot shop
Chief Designer_
Kang Yongjun
Participate Designer_
Ma Xiaogang, Yan Li, Ning Xi
Location_
Wulumuqi Xinjiang
Project Area_
500sqm
Cost_
1,200,000RMB

项目名称_
荔湾港式火锅专门店
主案设计_
康拥军
参与设计师_
马晓刚、闫丽、宁熙
项目地点_
新疆 乌鲁木齐
项目面积_
500平方米
投资金额_
120万元

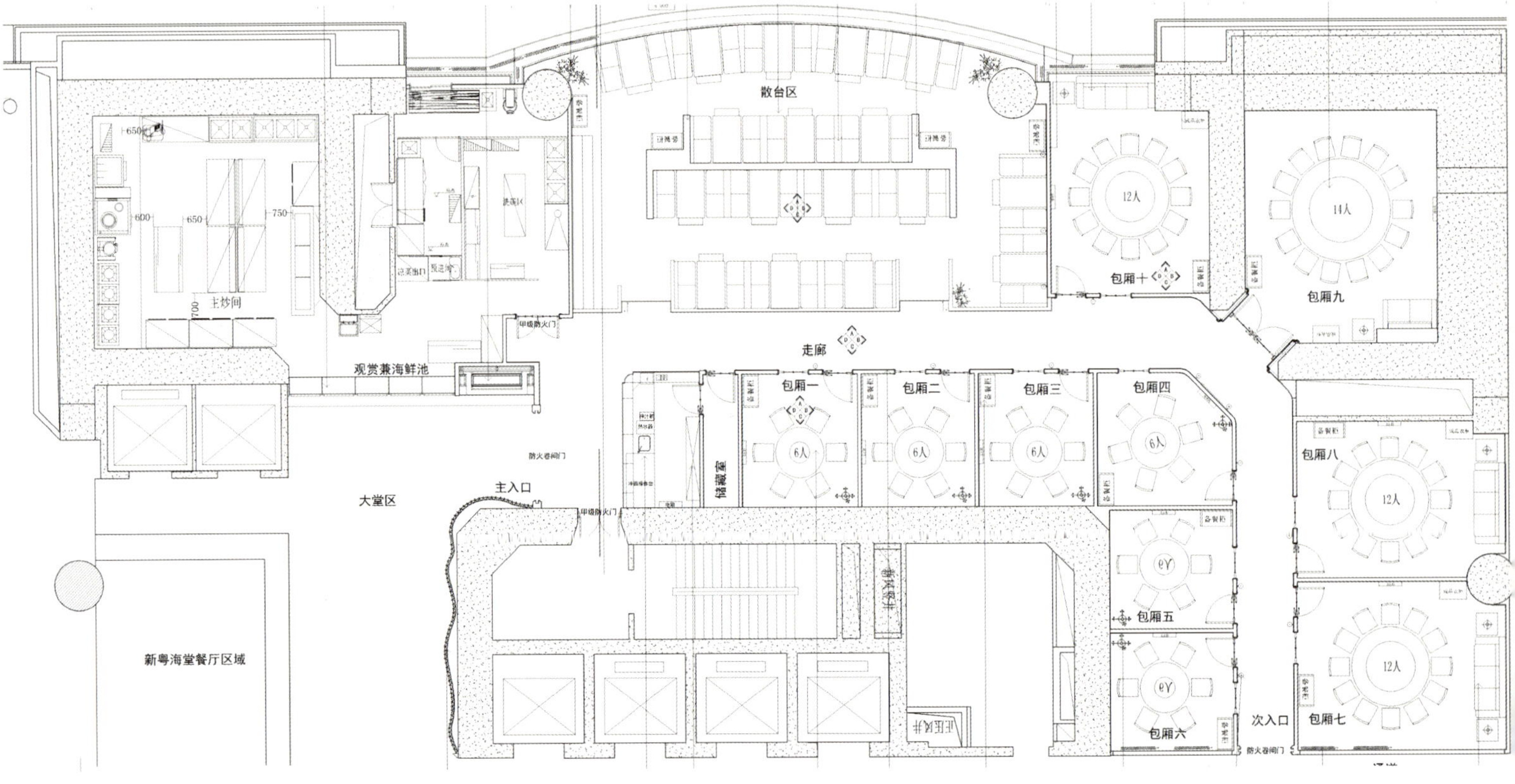

荔湾
HONG KONG HOT POT
港式火锅|专|门|店|

主案设计：
闫敬 Yan Jing
博客：
http:// 165042.china-designer.com
公司：
安徽东方御品装饰、A4设计工作室
职位：
设计总监、经理

奖项：
金堂奖•2011中国室内设计年度评选年度十佳别墅设计
华鼎奖•2012第七届设博会华鼎奖住宅空间设计类二等奖牛公馆

香樟餐厅
Camphor Restaurant

A 项目定位 Design Proposition
本案位于阜阳市香港财富广场第五层，该层为餐饮区邻为影视院线，设计主题：影视情结。消费定位喜欢电影和爱浪漫的人群。

B 环境风格 Creativity & Aesthetics
主题突出，更为影视爱好者提供一个缓冲和休闲的环境。

C 空间布局 Space Planning
由于面积小，在规划后厨时做了一个曲线隔墙，不会感到拥堵，卡座靠外墙，使人感到里外合一，空间感强。

D 设计选材 Materials & Cost Effectiveness
PVC板雕刻影视素材做墙饰，隔音板消除后厨噪音又为照片墙打底，白色大理石造型外墙饰面。

E 使用效果 Fidelity to Client
餐厅的风格与众不同，外向出众，环境改变心情。8090后的必争之地！

Project Name_
Camphor Restaurant
Chief Designer_
Yan Jing
Location_
Fuyang Anhui
Project Area_
188sqm
Cost_
550,000RMB

项目名称_
香樟餐厅
主案设计_
闫敬
项目地点_
安徽 阜阳
项目面积_
188平方米
投资金额_
55万元

Camphor

Camphor

主案设计：
王俊钦 Wang Junqin
博客：
http:// 461494.china-designer.com
公司：
睿智汇设计公司
职位：
总经理兼总设计师

奖项：
2012中国"软装100"设计作品
2012金外滩奖优秀概念设计大奖
2012年度金外滩奖娱乐空间优秀照明设计奖
2010-2011年度资深设计师
2011年度中国精英设计师
2009-2010年美国INTERIOR DESIGN年度十大封面人物

项目：
净雅餐厅未来城店
新乐圣KTV会所
滟澜山别墅
麦乐迪KTV中服店、富力城店、安定门店
北京多佐日式料理餐厅
如意私人会所
东方普罗旺斯艺术豪宅

净雅餐厅未来城店
Jingya restaurant

A 项目定位 Design Proposition
拥有二十多年餐饮历史的净雅集团，一直以海鲜菜和航海文化而闻名。本案是净雅集团旗下专以提供海鲜美食的餐厅，经营战略定位于商务聚会和私人社交的高端场所。

B 环境风格 Creativity & Aesthetics
设计师摒弃了传统高档餐厅的金碧辉煌，在大厅的设计中将“牡丹”、“祥云”、“浮萍”、“瓦片”等元素运用其中，寄托了对东方文化的无限情感。

C 空间布局 Space Planning
突破了原始结构的束缚。

D 设计选材 Materials & Cost Effectiveness
使用了帝王金石材、香槟金镜面不锈钢、金色柚木防火板、透光云石、洗水银茶镜、黑色皮革等材料。

E 使用效果 Fidelity to Client
净雅餐厅未来城店以现代手法重新勾画出私密而高雅的视觉风貌，强化了整体海洋文化特点，让消费者体验尊贵，感受和谐共荣的情怀，品尝传奇饕餮美食的同时感受来自净雅集团的文化气息。

Project Name_
Jingya restaurant
Chief Designer_
Wang Junqin
Participate Designer_
Ruizhihui
Location_
Shenyang Shenyang
Project Area_
10,000sqm
Cost_
60,000,000RMB

项目名称_
净雅餐厅未来城店
主案设计_
王俊钦
参与设计师_
睿智汇设计团队
项目地点_
沈阳市 沈阳区
项目面积_
10000平方米
投资金额_
6000万元

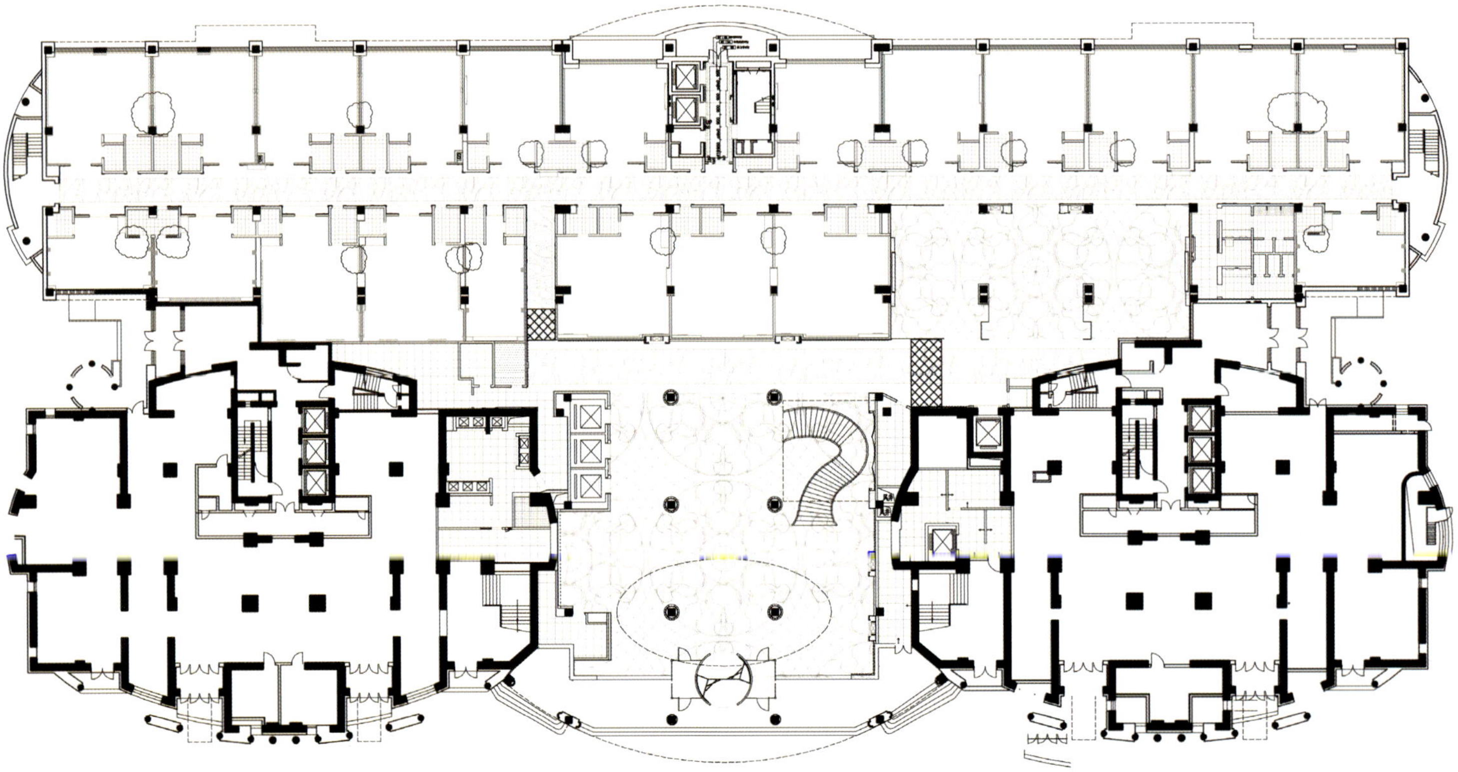
平面位置图

1层
FLOOR
零点餐厅

主案设计:
李坚明 Li Jianming
博客:
http:// 488504.china-designer.com
公司:
尺度室内设计有限公司
职位:
总经理兼设计总监

奖项:
2011年广东省陈设艺术协会常务理事
2012第七届中国国际建筑装饰及设计艺术博览会大奖之一“2011-2012年度十大最具影响力设计师（商业空间类）”
2012年中国房地产业协会商业地产专业委员会商业地产研究员
2012年东莞室内设计协会创办人之一

项目:
金地亦居别墅样板房
金地湖山大境213#别墅样板房
沪园上海饭店星河城店
香叶栈越南风味餐厅星河店

香叶栈越南风味餐厅
THAI BASIL

A 项目定位 Design Proposition
香叶栈越南风味餐厅坐落于东莞东城星河城，是个交通方便、人流密集且易带动人们消费的场所，我们的市场定位面向于中高端的广大消费人群。致力于打造产品特有的餐饮文化。

B 环境风格 Creativity & Aesthetics
本项目为一间越南风味餐厅，定位为东南亚风格，通过设计，打造出别致风味的餐饮文化，营造出一个温馨舒适且极富大自然气息的就餐环境，使人有如到其地，品其味的意境，让大众能更多地体会到异国风情的点滴与含蕴。

C 空间布局 Space Planning
在空间布局上，舒适感是最重要的，我们遵循以人为本的设计理念，更多地做到人性化、合理化，使客人一进来就感受到整体空间带来的舒适感，让我们的设计服务于消费者，让每个空间都得到合理的利用，最大程度地提升其价值，因此这样的空间是美的。

D 设计选材 Materials & Cost Effectiveness
在选材上，我们不仅仅拘束于东南亚风格代表性的实木、竹、藤麻等轻型天然材质，还搭配了一些现代风格的石材，使得整体空间看起来，既有东南亚风格的韵味，又不乏现代时尚的气息。

E 使用效果 Fidelity to Client
餐厅在投入运营后，吸引了广大的消费顾客，生意也是蒸蒸日上。

Project Name_
THAI BASIL
Chief Designer_
Li Jianming
Location_
Dongguan Guangdong
Project Area_
207sqm
Cost_
2,300,000RMB

项目名称_
香叶栈越南风味餐厅
主案设计_
李坚明
项目地点_
广东省 东莞市
项目面积_
207平方米
投资金额_
230万元

主案设计：
杜江 Du Jiang
博客：
http:// 488626.china-designer.com
公司：
杭州藏美装饰设计有限公司
职位：
设计总监
资质：
高级室内建筑师
项目：
上海藏鲜工坊
杭州辣库餐厅

外婆家调频壹店

Grandma's Channel No.1

A 项目定位 Design Proposition

和中国连锁餐饮的领军企业外婆家之间的合作，在餐厅的动线流程和排位的科学化给予设计者更精细和专业的挑战。

B 环境风格 Creativity & Aesthetics

所形成的最终形态，是外人看上去的东南亚风格。

C 空间布局 Space Planning

在设计上，采用了一些新的表现手法，尝试用西方人的直线思维去审视东方的复杂造型。

D 设计选材 Materials & Cost Effectiveness

有了基调的定位，材质的选择是实木和红砖，由最本质的材料来表达更深的思想。

E 使用效果 Fidelity to Client

通过挖掘生活在都市的人们渴望拥抱自然的心态，更加深了都市人对就餐环境的喜爱。另外，运营企业的美味出品和专业的服务，成就了此餐厅的日人流量达2500人次。

Project Name_
Grandma's Channel No.1
Chief Designer_
Du Jiang
Location_
Shanghai
Project Area_
1,000sqm
Cost_
3,000,000RMB

项目名称_
外婆家调频壹店
主案设计_
杜江
项目地点_
上海
项目面积_
1000平方米
投资金额_
300万元

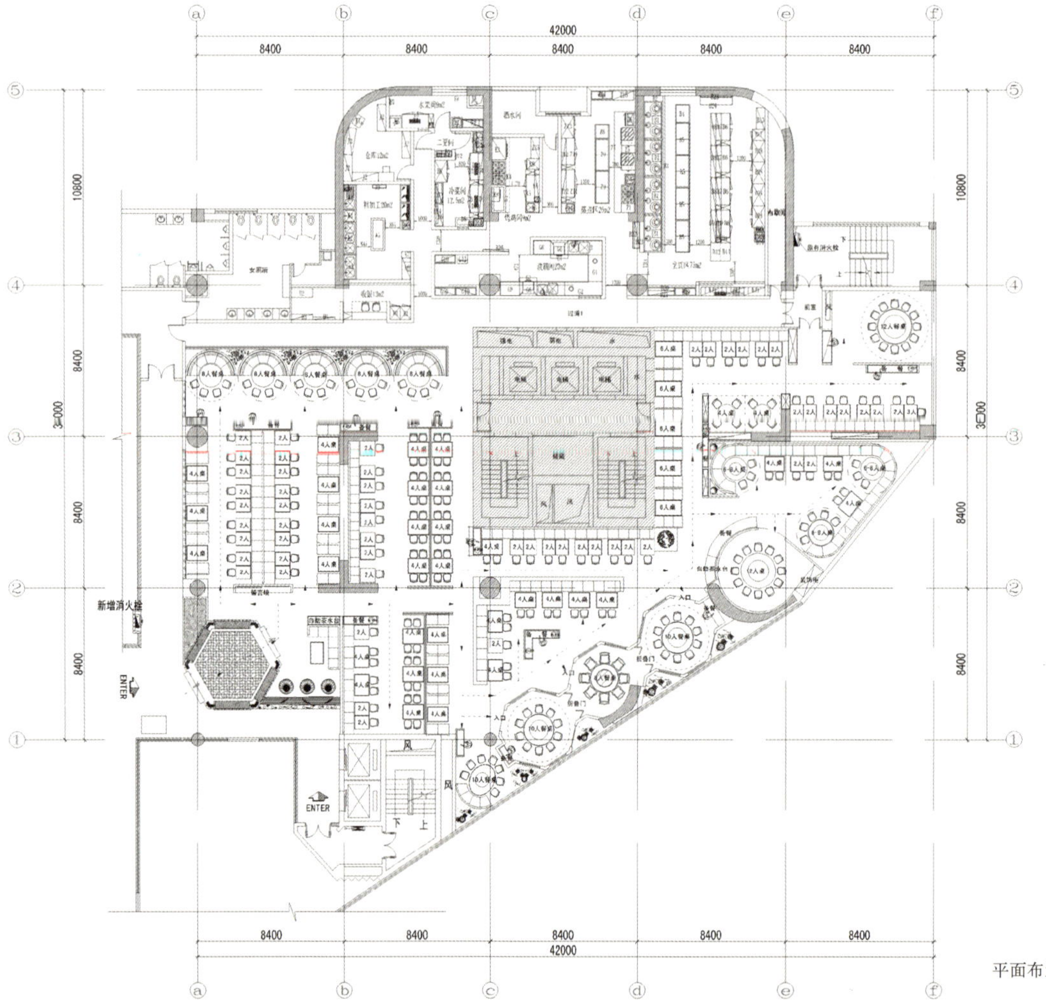

平面布置图

主案设计：
杜江 Du Jiang
博客：
http:// 488626.china-designer.com
公司：
杭州藏美装饰设计有限公司
职位：
设计总监

资质：
高级室内建筑师
项目：
上海藏鲜工坊
杭州辣库餐厅

望湘园上海餐饮管理有限公司宜山路店
Shanghai Wang xiang Garden Food&Beverage

A 项目定位 Design Proposition
旺池川菜是望湘园餐饮集团下属的一个新的品牌。

B 环境风格 Creativity & Aesthetics
我用去川、滇、藏的采风，而缔造出的一个具有旅游情怀的川菜餐厅。

C 空间布局 Space Planning
我们用对此类餐饮15年的专业积累和理解，帮助企业排出最合理的服务动线和最高的餐位数，使之在运营中最便捷和效率最大化，从而能在同类企业里具有竞争力和生存空间。

D 设计选材 Materials & Cost Effectiveness
用中式的木架结构演变出一个似曾相识的中国西南风情。

E 使用效果 Fidelity to Client
餐厅投入运营后，得到了众多客人的喜爱。

Project Name_
Shanghai Wang xiang Garden Food&Beverage
Chief Designer_
Du Jiang
Location_
Xuhui Shanghai
Project Area_
570sqm
Cost_
1,500,000RMB

项目名称_
望湘园上海餐饮管理有限公司宜山路店
主案设计_
杜江
项目地点_
上海市 徐汇区
项目面积_
570平方米
投资金额_
150万元

主案设计：
张奇永 Zhang Qiyong
博客：
http:// 490247.china-designer.com
公司：
哈尔滨唯美源装饰设计有限公司
职位：
设计师

奖项：
1989年-2009年　中国建筑学会室内设计分会 成立二十周年"新锐设计师"

项目：
宏锦记黄河路店
锦上天天烤肉
女王传奇
完美生活
问面
现代品味
湘巴佬淄博店

齐齐哈尔完美生活民意店

Color life food , Min Yi, Qiqihar

A 项目定位 Design Proposition

这是一间"老店翻新"的设计，起初并没有特殊的灵感，只是将注意力放在了空间整合等最基本的功能满足上。

B 环境风格 Creativity & Aesthetics

真正的灵感来自一个堆放旧木材的后院。想象着它们曾经笔直的样子，想象它们曾经也会枝繁叶茂，绿荫片片，如今面临着被浪费掉，难免可惜。就因这样一种想法，我们收集了很多破旧的木材，在打造空间时，赋予了这些木材第二次生命。

C 空间布局 Space Planning

调整了旧店的布局，重新确定了空间功能分配，使之更加合理化。

D 设计选材 Materials & Cost Effectiveness

虽然，很多原木，看起来灰突突没有光彩，可却带着最初的质朴和时间的味道。无论是等待区的座椅，还是分区用的隔断，亦或是大门口的装置品，都由这些未经任何粉刷、漆制而只做消毒和清洁的木头扮演，它们唯一的光泽来自整个空间的光影处理。当全场灯光打开的一瞬间，我仿佛看见它们获得了第二次生命，依旧那样笔直，依旧枝繁叶茂。

E 使用效果 Fidelity to Client

巧的很，这间店是业主在这个城市经营的第一间烤肉店，由此将生意发展壮大，开了很多分店。这次算是一个回归，在原始感十足的环境中品味人类最初烹饪的味道。

Project Name_
Color life food , Min Yi, Qiqihar
Chief Designer_
Zhang Qiyong
Location_
Qiqihaer Heilongjiang
Project Area_
270sqm
Cost_
800,000RMB

项目名称_
齐齐哈尔完美生活民意店
主案设计_
张奇永
项目地点_
黑龙江省 齐齐哈尔市
项目面积_
270平方米
投资金额_
80万元

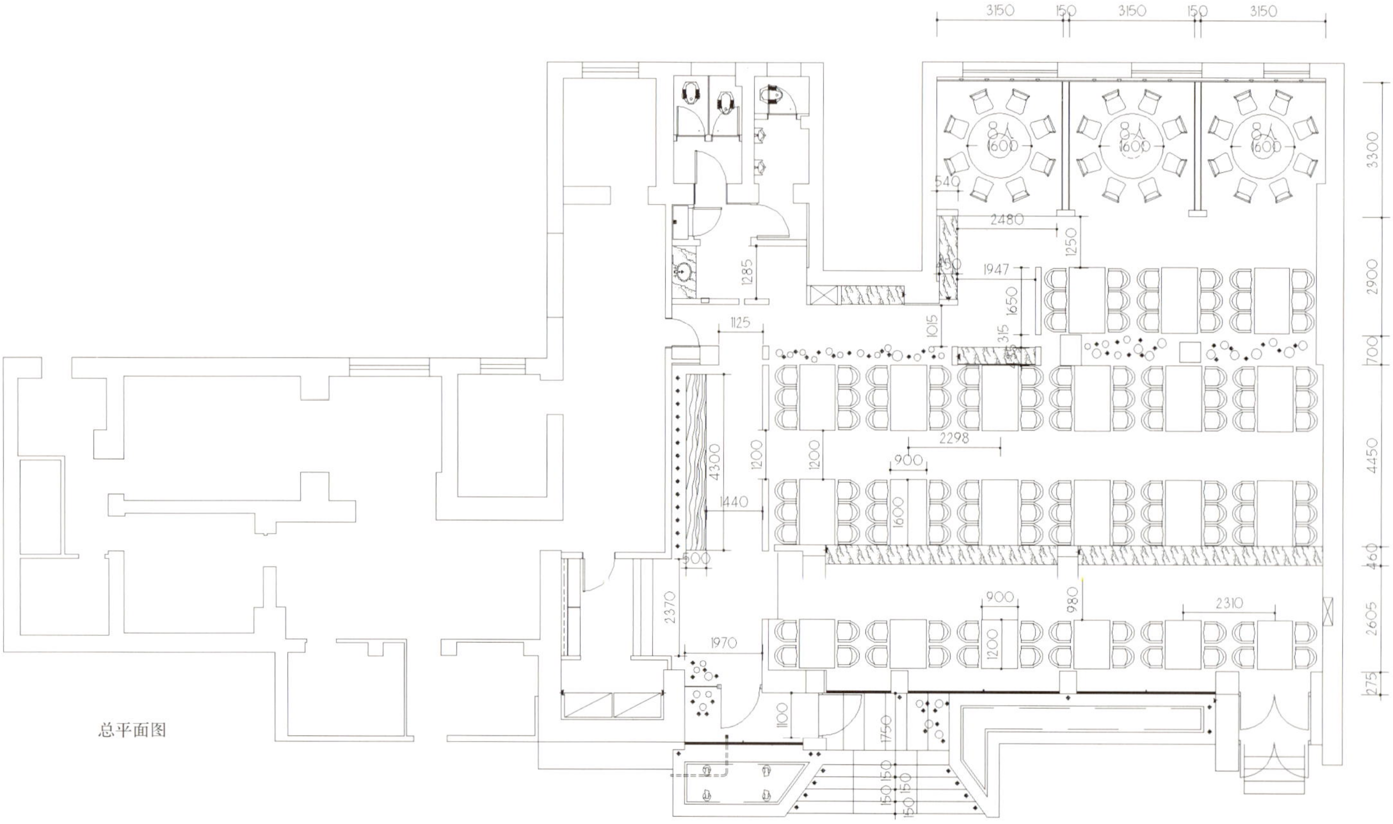

总平面图

完美生活
烤吧

主案设计：
张震斌 Zhang Zhengbin
博客：
http:// 152429.china-designer.com
公司：
新加坡WHD酒店设计有限公司
职位：
设计总监

奖项：
2011年《呼市昆仑饭店》获"金指环"全球室内设计大赛设计奖
2010年《豪门吉品鲍鱼府》获"金外滩"中国室内设计大赛最佳照明设计奖
2009年《朔州昆仑饭店》获中国风—IAI 2009亚太室内设计精英邀请赛提名奖
2009年《朔州昆仑饭店》获"金指环"室内设计大赛酒店方案类设计金奖

项目：
朔城宾馆
北京京都盛唐
美轩养身火锅店
豪门极品鲍鱼府阳泉店
豪门极品鲍鱼府运城店
呼市昆仑饭店
大连辅君坊
皇城一号
榆次四海一家

北京京都盛唐
PROEPERITY TANG BEIJING

A 项目定位 Design Proposition
投资甲方是位品味品质极高的墨客，对大唐文化颇为喜爱，而且定位为会所，旨在做一个具体特色的餐饮会所。

B 环境风格 Creativity & Aesthetics
对此次设计我主要营造一个主题空间——唐文化会馆。在陈设上把大唐文化中的唐三彩、仕女图、御尊、青瓷、青铜的纹饰加以提炼，重新结合。让空间有了秩序、让空间有了序列、让空间有了礼仪、让空间有了灵魂……

C 空间布局 Space Planning
在设计中，我们有十个字：空·间空·气空·白空·寂空·灵，设计中的空相—万物静观皆自得，四时佳兴与人同，翠华想象空山里，万里之宵一羽毛。

D 设计选材 Materials & Cost Effectiveness
在此次设计手法上和材料运用上：利用木、铜、石、对空间进行整体塑造分割设计，处处以大唐文化的气势与氛围，演绎诠释餐饮空间……竖线条的秩序感、挺拔、力量，气势雄壮。

E 使用效果 Fidelity to Client
这里就餐的宾客体验到空间形成的高低错落、围合、虚实、秩序与文化体验。就餐的同时也深受文化的熏陶，在色香味俱全的餐饮条件下回顾与缅怀唐文化的博大。

Project Name_
PROEPERITY TANG BEIJING
Chief Designer_
Zhang Zhenbin
Participate Designer_
Ji Bin, Tian Jingjin, Zhao Ting
Location_
Beijing
Project Area_
3,000sqm
Cost_
15,000,000RMB

项目名称_
北京京都盛唐
主案设计_
张震斌
参与设计师_
季斌、田静进、赵婷
项目地点_
北京市
项目面积_
3000平方米
投资金额_
1500万元

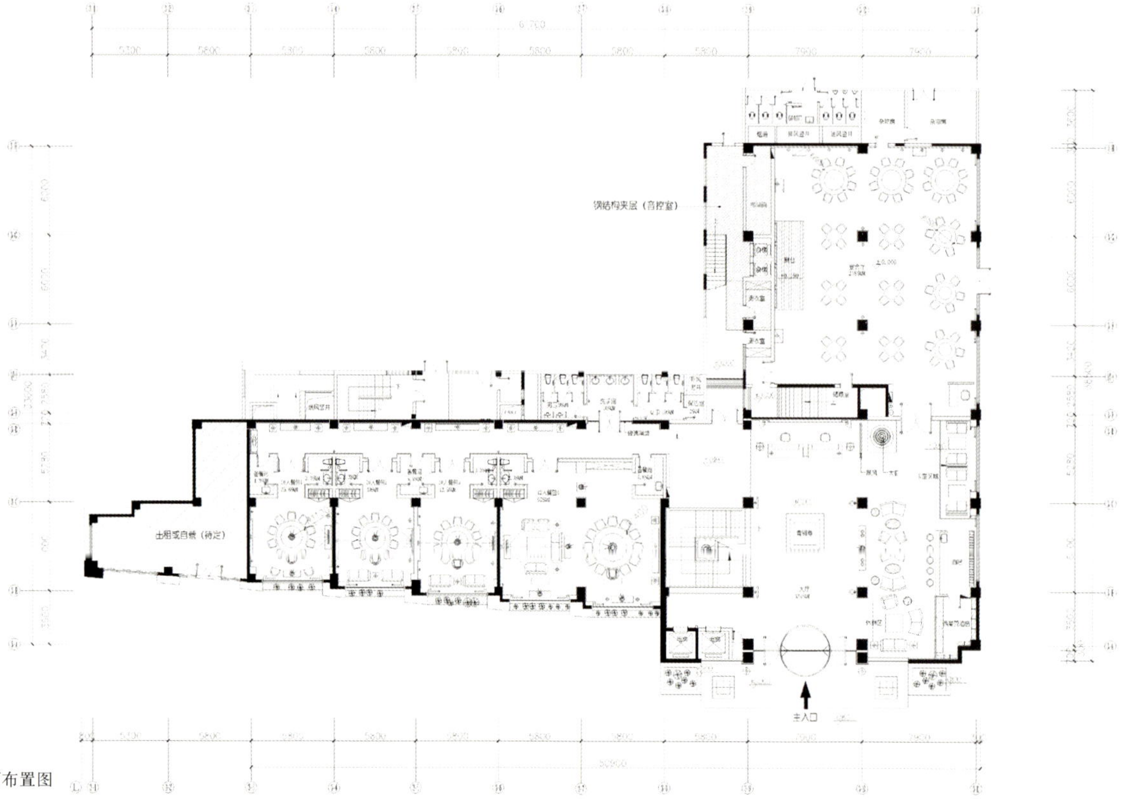

一层平面布置图

102
101

主案设计：
曾麒麟 Zeng Qilin
博客：
http:// 803985.china-designer.com
公司：
北京筑邦建筑装饰工程有限公司成都分公司
职位：
设计总监

奖项：
2011年“金堂奖”十佳酒店空间

项目：
苍溪国际大酒店

贵州阿一鲍鱼餐厅
A-YI ABALONE

A 项目定位 Design Proposition
项目是一家经营海鲜粤菜的高档餐厅，一期推出市场后，业主对经营效果感觉不甚理想，本次加盟阿一鲍鱼，再次打造4间高端包房，主要从事高端商务及企业接待业务，并想以此奠定餐厅在当地高端餐饮行业中的地位。

B 环境风格 Creativity & Aesthetics
因餐厅受建筑结构影响，4间包房设计为两大两小，面积相差很大，如果延续一种风格，势必造成两间包房很抢手，两件包房很冷清的局面。为突出装饰效果，迎合不同客户的需求，确定以4种风格来呈现4个包房，风格鲜明。推出后，小包房明丽、干净、舒适的风格吸引了很多客户。

C 空间布局 Space Planning
考虑到包间格局及接待部的不同需求，4个包间以不同的4种形态呈现。1 #包间以小宴会厅的形式呈现，可开1~12桌。2#包间以企业和商务接待客人为主，以一张32人大桌呈现。3、4#包间以10~12人的高端商务餐呈现，同时为符合当地特色，在包间内均设有麻将和卡拉OK。

D 设计选材 Materials & Cost Effectiveness
4种风格的包间，设计选材上各不相同，打开每一间房门，带给客人的都是别样的就餐环境。

E 使用效果 Fidelity to Client
投入使用后，业主希望一、二期餐厅年收入过亿，目前餐厅已成为当地餐饮的新标志，当之无愧的龙头。

Project Name_
A-YI ABALONE
Chief Designer_
Zeng Qilin
Participate Designer_
Wu Jialing, Yang qing
Location_
Guiyang Guizhou
Project Area_
1,000sqm
Cost_
8,000,000RMB

项目名称_
贵州阿一鲍鱼餐厅
主案设计_
曾麒麟
参与设计师_
吴佳玲、杨庆
项目地点_
贵州省 贵阳市
项目面积_
1000平方米
投资金额_
800万元

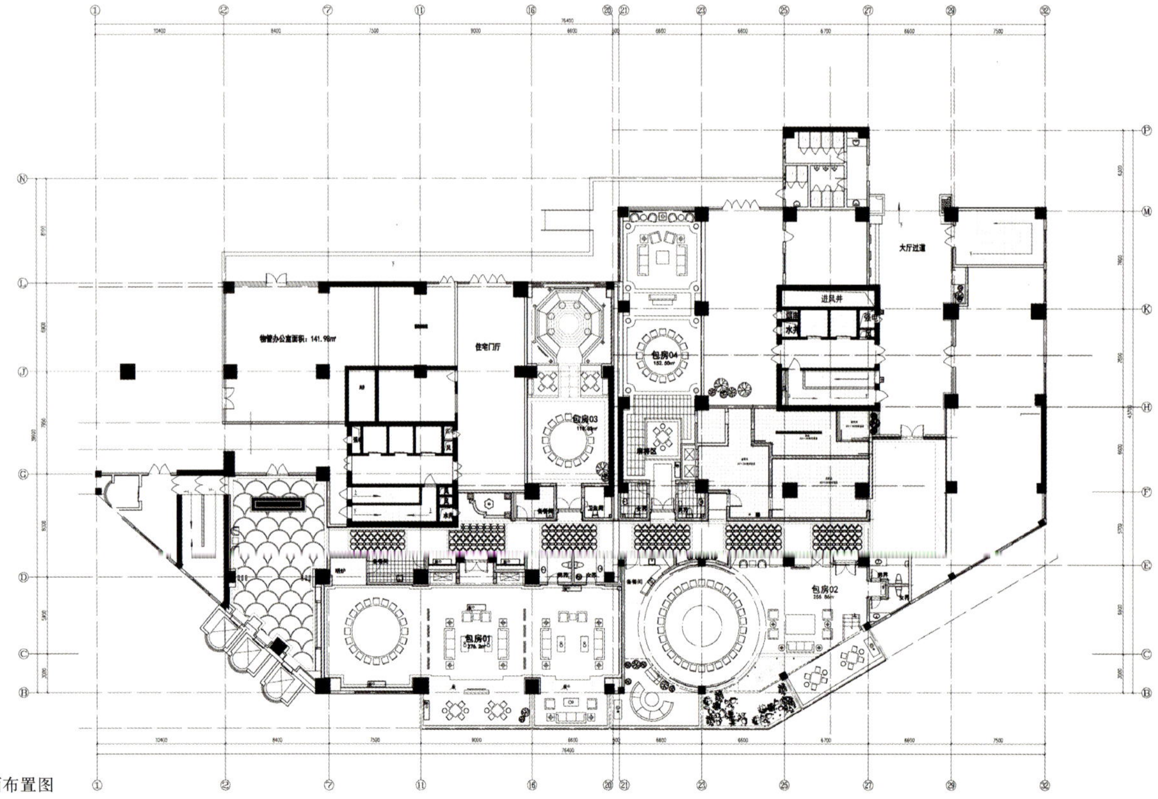

平面布置图

主案设计：
盛利 Sheng Li
博客：
http://810066.china-designer.com
公司：南京全筑装饰设计工程有限公司——盛利设计事务所
职位：
总监

奖项：
江苏省第八届室内装饰设计大赛中荣获居民住宅室内装饰设计二等奖

大隐于市，relax in cafe
paush cafe

A 项目定位 Design Proposition
一个让匆忙的都市人有个暂停的空间。

B 环境风格 Creativity & Aesthetics
简约大气，富有人情味，具有国际风格。

C 空间布局 Space Planning
根据不同的商业定位和经营需要，最大化保留人与人之间的空间距离。

D 设计选材 Materials & Cost Effectiveness
环保用材是空间的主题，各种自然材料的结合，让人感到朴实素雅。

E 使用效果 Fidelity to Client
商业上获得较大的成功，对于一个小店来说，咖啡店推荐去处的榜首也纯属不易。

Project Name_
paush cafe
Chief Designer_
Sheng Li
Location_
Nanjing Jiangsu
Project Area_
128sqm
Cost_
150,000RMB

项目名称_
大隐于市，relax in cafe
主案设计_
盛利
项目地点_
江苏省 南京市
项目面积_
128平方米
投资金额_
15万元

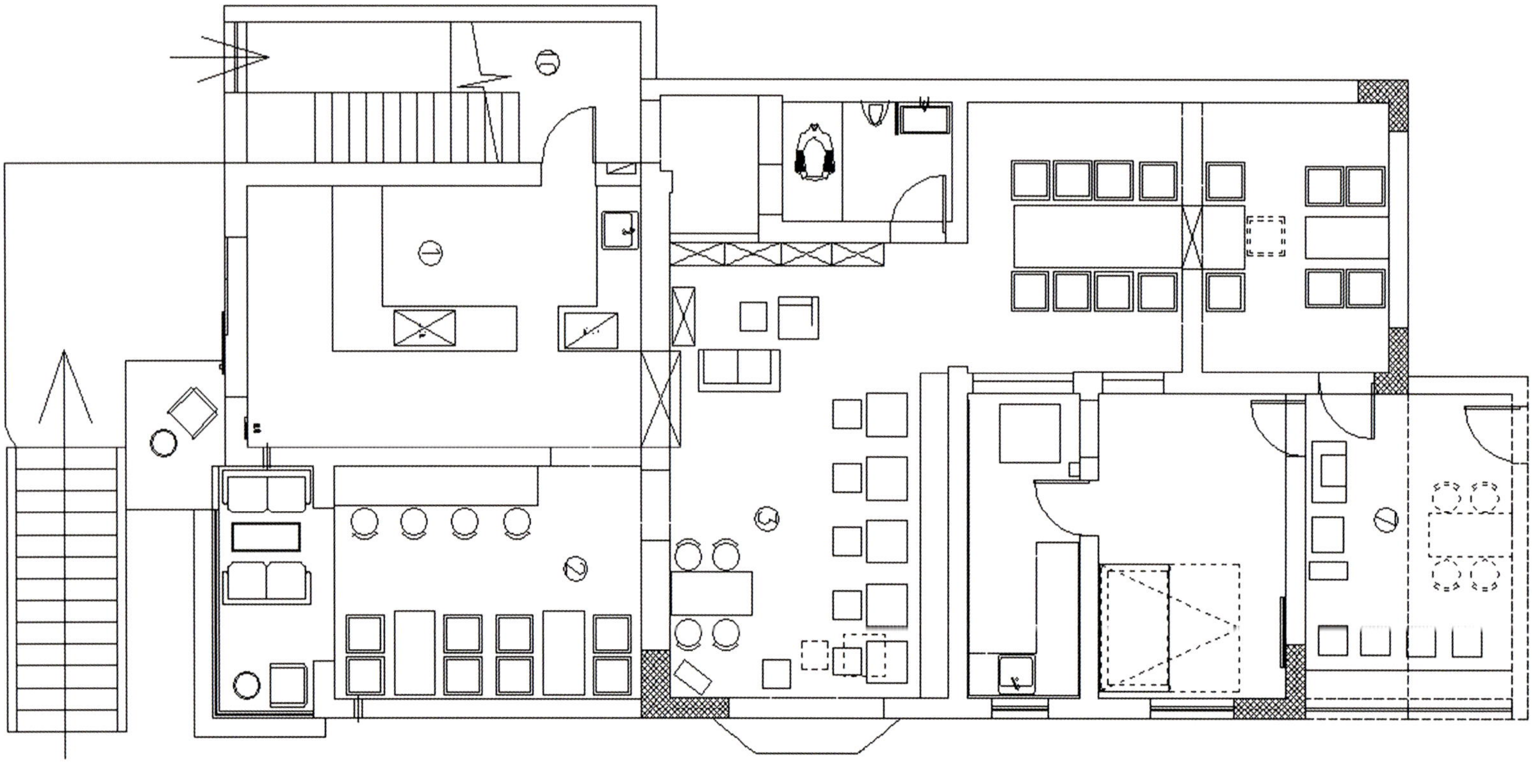

咖啡店平面

新品推荐
奇异果冰绿茶 S M L
Kiwi Ice Grean Tea 20 25 30
樱花冰红茶
Sakura Ice black Tea 20 25 30
薄荷冰美式
Mint Ice Americano 19 24 29
经典咖啡 Classic Coffee
拿铁 Latte
卡布其诺 Cappuccino
美式 Americano
摩卡 Mocha
经典红茶 Classic Black Tea
英式红茶 English Tea
伯爵茶 Earl Grey Tea
意式浓缩咖啡 Espresso
意式浓缩 Espresso
意式玛奇朵 Espresso Machiato
康宝来 Konpana
SAMSUNG

Owl
Florist

109
CROYDON
BUS
PAUSE

JOHN
GRISHAM

主案设计：
潘冉 Pan Ran
博客：
http:// 819954.china-designer.com
公司：
南京名谷建筑景观设计有限公司
职位：
法人、创意总监

奖项：
2009江苏省装饰装修行业协会优胜奖
2009江苏省装饰装修行业协会优胜奖
2009中国建筑学会室内设计分会三等奖
2010中国建筑装饰协会（筑巢奖）银奖
2010中国建筑学会室内设计分会一等奖
2011中国建筑学会室内设计分会一等奖

项目：
大华地产南京总部办公楼
苏丹外交官俱乐部
新天地国际广场
江陵国际大酒店
大丰温泉酒店温泉馆
KING CLUB
浅草名苑样板单元
沭阳国际大酒店

意-净
Simple ink

A 项目定位 Design Proposition
针对学生阶层的消费者，热衷文化追求的年轻食客。

B 环境风格 Creativity & Aesthetics
将古城文化以水墨剪影的形式提炼出来，与简约概念的白色调环境结合。

C 空间布局 Space Planning
大格局，小组团，布置轻松随意的交通流线，透而不通，视觉开阔。

D 设计选材 Materials & Cost Effectiveness
将摄影领域里的技术运用到装修中去，用大面积的白色包裹被平面化后的古城风景，并以橘色家具点缀其中。

E 使用效果 Fidelity to Client
完全颠覆食客对传统火锅店的认知，将火锅经营与就餐环境提升到一个新的高度，备受广大年轻人的喜爱。

Project Name_
Simple ink
Chief Designer_
Pan Ran
Participate Designer_
Xu Tingting
Location_
Nanjing Jiangsu
Project Area_
2.370sqm
Cost_
1,500,000RMB

项目名称_
意-净
主案设计_
潘冉
参与设计师_
徐婷婷
项目地点_
江苏省 南京市
项目面积_
2370平方米
投资金额_
150万元

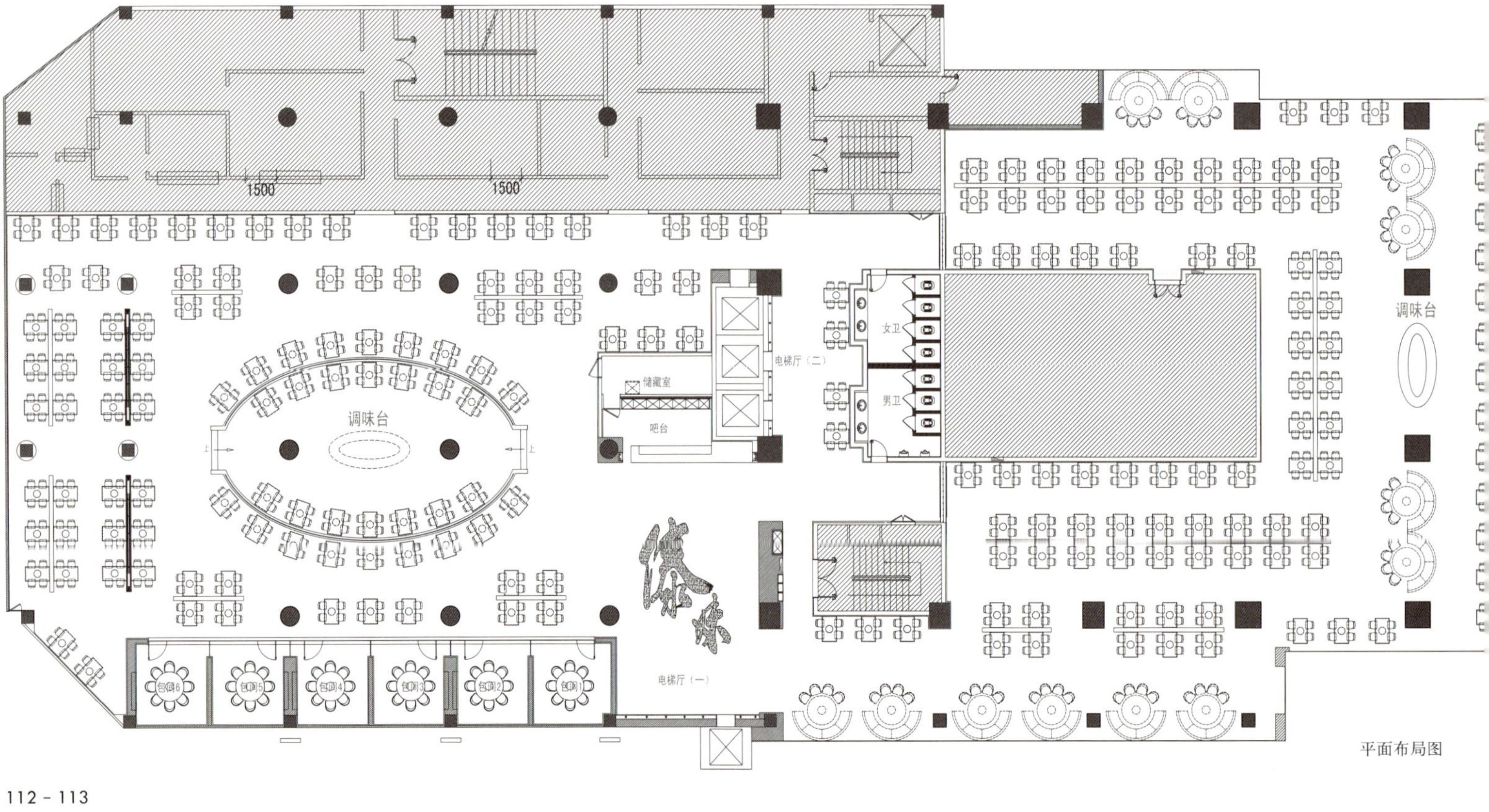

平面布局图

主案设计：
余平 Yu Ping
博客：
http:// 819976.china-designer.com
公司：
西安电子科技大学工业设计系
职位：
副教授

职称：
中国建筑学会室内设计分会理事
《中国室内》杂志编委
《室内设计师》杂志编委
《室内设计与装修》杂志编委
《美国室内》中文版杂志专家委员
奖项：
2007/08名人堂顶尖室内设计师西安赛区
首届地域文化室内设计金奖

瓦库7号
Waku no.7

A 项目定位 Design Proposition
瓦库，一个喝茶的地方。 瓦库7号又是一次瓦的集结。

B 环境风格 Creativity & Aesthetics
位于洛阳市新区，建筑分为三层，开窗为东西朝向，每扇均可打开。“让阳光照进，空气流通”是瓦库设计坚守的核心理念。将大自然的阳光、空气提供给每一天到来的客人是本案设计解决的重点。

C 空间布局 Space Planning
对流窗与吊风扇的结合，加速室内气体吐故纳新的循环作用。空间组织在完成商业流线的前提下，最大化解决自然光和空气的流动，即使是座落在远窗角落的房间也力求让阳光空气自然穿行其中。

D 设计选材 Materials & Cost Effectiveness
主材为旧瓦，旧木，沙灰等可呼吸材料，让室内空间穿上纯棉的内衣，它们接应着阳光、空气，构成与生命情感的对话。

E 使用效果 Fidelity to Client
瓦库用每一片瓦的行动向低碳生活致敬。

Project Name_
Waku no.7
Chief Designer_
Yu Ping
Participate Designer_
Ma Zhe, Dong Jing, Ha Lishen
Location_
Luoyang Henan
Project Area_
1,200sqm
Cost_
4,500,000RMB

项目名称_
瓦库7号
主案设计_
余平
参与设计师_
马喆、董静、哈力申
项目地点_
河南 洛阳
项目面积_
1200平方米
投资金额_
450万元

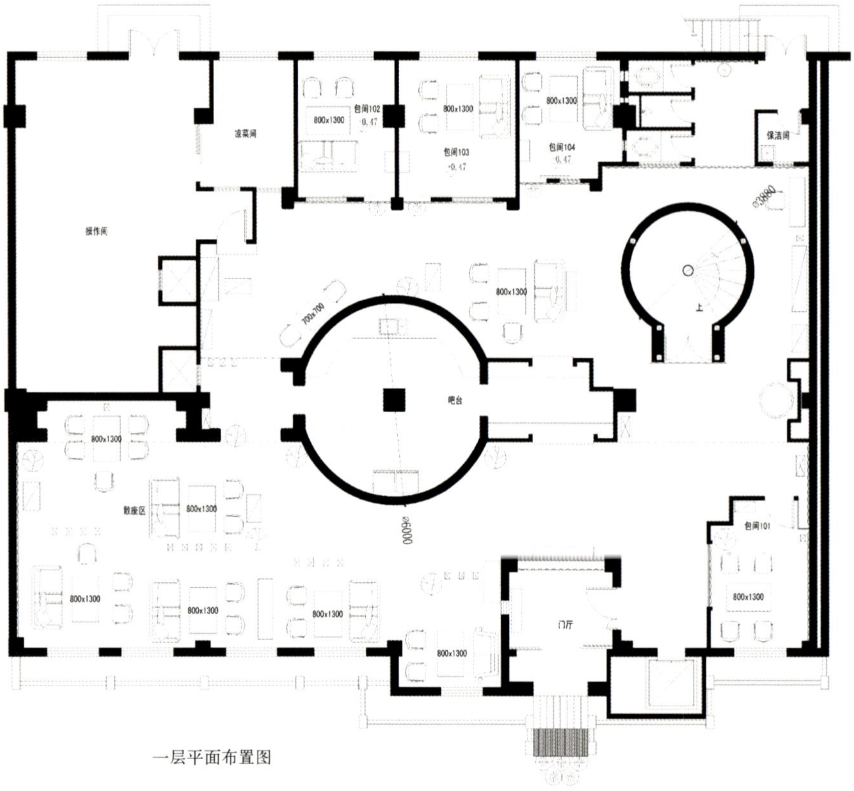

一层平面布置图

主案设计：
陈彬 Chen Bin
博客：
http:// 820822.china-designer.com
公司：
后象设计师事务所
职位：
总经理

奖项：
2012年度英国WAN Interior Design Awards终评阶段
2011年度入选德国iF2012设计大奖
2011年度英国ANDREW MARTIN国际室内设计大奖
2010年度英国ANDREW MARTIN国际室内设计大奖
2010年度金指环iC@ward全球室内设计大赛金奖
2009年度德国iF2009中国设计大奖
2009年度APIDA第十七届亚太室内设计大奖银奖

项目：
正荣御园品鉴中心　所好轩（沌口店）
隐庐私厨

水墨兰亭
Inked Orchid-Pavilion

A 项目定位 Design Proposition
根据餐厅所在地区目标顾客的分析,合理规划出散座、连包和大包的台位比例,强调使用综合性。

B 环境风格 Creativity & Aesthetics
兰亭主题的延续作品。关注点放在“水墨”一词上，空间色调严格控制在“黑、白、灰”基调上，最后用高纯度青绿布面给空间提神。

C 空间布局 Space Planning
在餐厅连通房的设置和布局上充分体现出传统审美和实用功能并重的规划思想。

D 设计选材 Materials & Cost Effectiveness
选用拉丝黑钢精密加工方式，在空间体块的衔接和收口等细节上形成线形语素。

E 使用效果 Fidelity to Client
餐厅运营后，被所在片区目标顾客充分认可，并形成忠诚的客户群体。

Project Name_
Inked Orchid-Pavilion
Chief Designer_
Chen Bin
Participate Designer_
Yang Hui, Wang Xing
Location_
Wuhan Hubei
Project Area_
649sqm
Cost_
2,500,000RMB

项目名称_
水墨兰亭
主案设计_
陈彬
参与设计师_
杨慧、王兴
项目地点_
湖北省 武汉市
项目面积_
649平方米
投资金额_
250万元

平面图

主案设计：陆嵘 Lu Rong
博客：http:// 821472.china-designer.com
公司：上海埃绮凯祺建筑设计有限公司
职位：设计总监
职称：
中国建筑学会室内设计分会室内建筑师资格证书
中国建筑学会室内设计分会会员
上海市装饰装修行业协会 装饰设计专业委员会委员
上海市装饰装修行业协会 高级室内设计师资格证书
上海市专业技术水平认证 室内设计高级证书
工程师任职资格
奖项：
在中华文化促进会及凤凰卫视主办的年度中华人物评选中，获2009年度中华文化人物称号
在2012年“中共上海静安区委员会、上海市静安区人民政府”举办的活动中获得静安区“第七批优秀中青年拔尖人才”
项目：
无锡灵山梵宫
无锡灵山精舍酒店
上海世博洲际酒店
无锡蜗牛坊

无锡长广溪湿地公园蜗牛坊
Walnew Club, wuxi

A 项目定位 Design Proposition
无锡首家“都市慢生活”的创意餐厅，带来全新的设计与美食相融合的理念——将设计的创意、美食的享受与湿地的静谧、写意的自然环境融为一体。

B 环境风格 Creativity & Aesthetics
现代简约风格； 整体室内环境基础色调为中性偏冷，通过艺术装置的鲜丽色彩加以点缀，来打破平稳的节奏，从而提升视觉趣味性。家具灯具的设计均简约而富有创意，细节之处的体现来自大自然中的元素撷取。

C 空间布局 Space Planning
内部空间，营造的是一个既能融于优质的湿地生态环境，却又不失现代科技与时代精神的人文环境。意图为置身其中的来客提供一份舒适、自得、理性、温暖的服务空间。

D 设计选材 Materials & Cost Effectiveness
结合建筑周围的生态环境，用自然质朴的材料与之相呼应。其中墙面的涂料和顶面的条形金属格栅材质形式来呈现表达，年代悠久的老木头以自然的本色与古铜色的木皮饰面一并出现，相互衬映。

E 使用效果 Fidelity to Client
位于无锡长广溪湿地，是连接蠡湖和太湖的生态廊道。餐厅在这秀美景色中依水而建，让您如在梦境中品味设计与美食碰撞出的简单真实的“都市慢生活”。

Project Name_
Walnew Club, wuxi
Chief Designer_
Lu Rong
Participate Designer_
Cai Xin, Wang Wenjie, Wu Zhenwen
Location_
Wuxi Jiangsu
Project Area_
2,400sqm
Cost_
8,880,000RMB

项目名称_
无锡长广溪湿地公园蜗牛坊
主案设计_
陆嵘
参与设计师_
蔡鑫、王文洁、吴振文
项目地点_
江苏省 无锡市
项目面积_
2400平方米
投资金额_
888万元

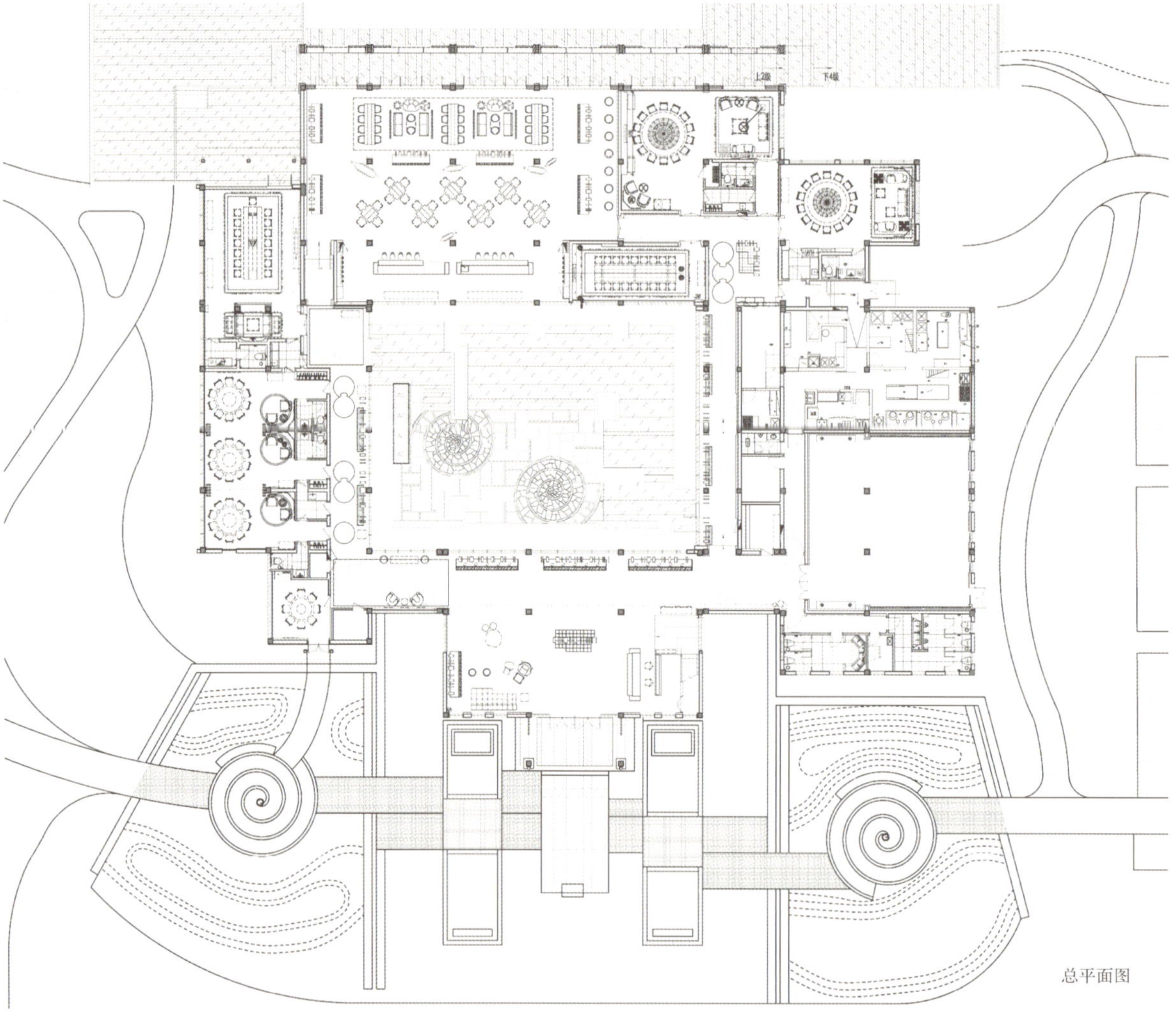

总平面图

AMBLE

GORDON'S

主案设计：
薛鲮 Xue Ling
博客：
http:// 821681.china-designer.com
公司：
北京中美圣拓建筑工程设计有限公司
职位：
设计师

奖项：
2011全国室内装饰设计优秀设计奖

项目：
成都天府高尔夫会所
天津中央公园会所
北京花家怡园王府井店

花家怡园王府井店
Hua's Restaurant

A 项目定位 Design Proposition
现代都市感，中式风格，中高端商务宴请，私人聚会。

B 环境风格 Creativity & Aesthetics
优雅精致，大气的空间，协调的色彩。

C 空间布局 Space Planning
中心壁炉强调了烤鸭的特点，同时也分割大堂和宴会厅两个空间，空间借景。

D 设计选材 Materials & Cost Effectiveness
专门定做靛蓝色釉边瓷砖和黄铜搭配。

E 使用效果 Fidelity to Client
营造了出众优雅的宴请气氛，反响良好。

Project Name_
Hua's Restaurant
Chief Designer_
Xue Ling
Participate Designer_
Lin Cuicui
Location_
Wangfujing Beijing
Project Area_
4,000sqm
Cost_
1,200,000RMB

项目名称_
花家怡园王府井店
主案设计_
薛鲮
参与设计师_
林翠翠
项目地点_
北京市 王府井
项目面积_
4000平方米
投资金额_
120万元

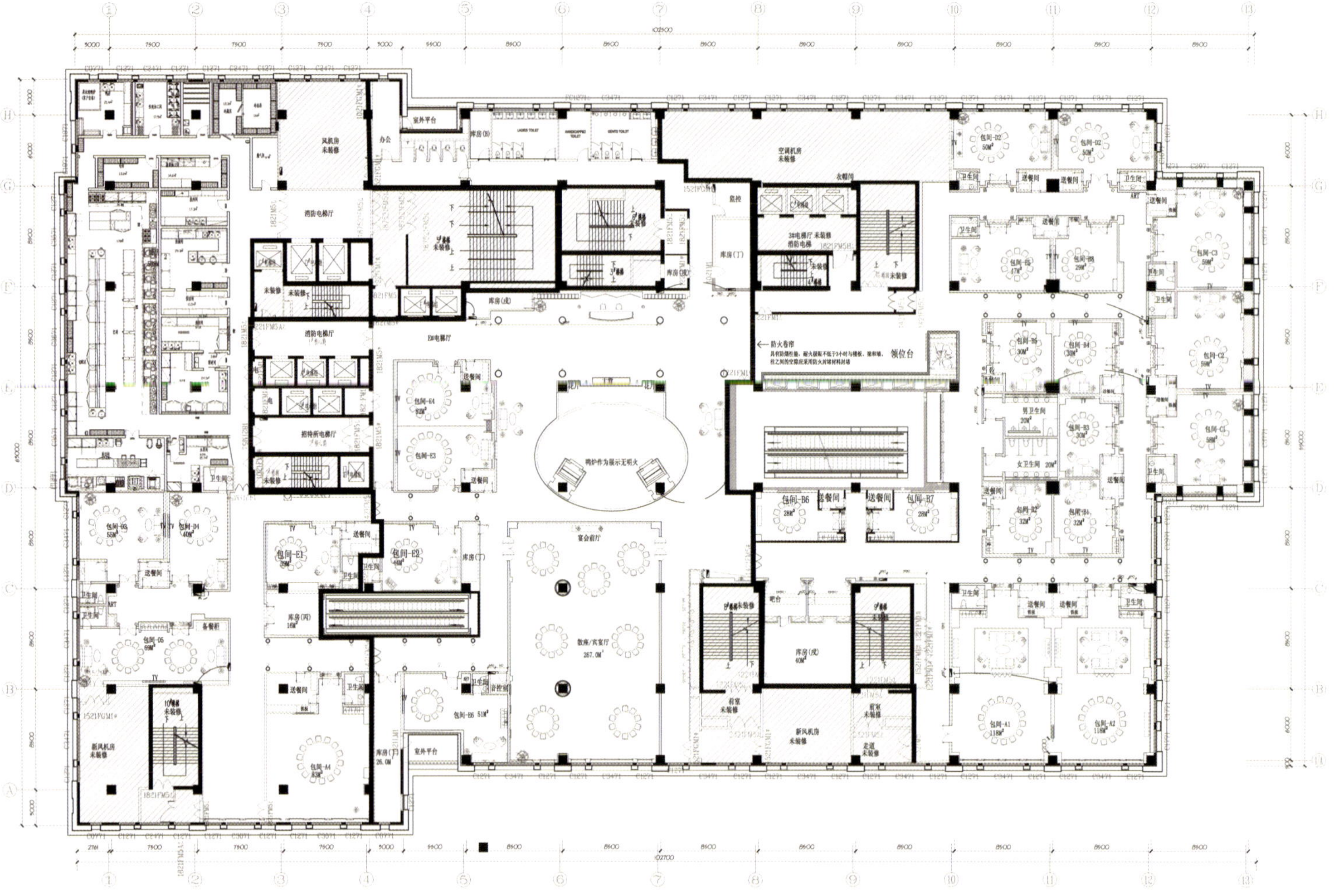

平面图

主案设计：
冯嘉云 Feng Jiayun
博客：
http:// 822008.china-designer.com
公司：
无锡市上瑞元筑设计制作有限公司
职位：
董事设计师、董事长

奖项：
2009年CIID“博德杯”地域文化室内设计大赛铜奖
2009年中国风-IAI2009亚太室内设计精英邀请赛二等奖
2009年CIID室内设计大奖赛商业工程类优秀奖
2009年度中国饭店业设计装饰大赛金堂奖（银奖）

项目：
一茶一坐餐厅
伴山惠馆
心怡堂足浴
惠泉酒坊
金水桶足浴

风尚雅集餐厅
Fengshangyaji Restaurant

A 项目定位 Design Proposition
本项目为多业态组合。

B 环境风格 Creativity & Aesthetics
风尚趋静的业态，为都市小资目标客群属地。

C 空间布局 Space Planning
在空间营造上趋于简约明畅，同时亦在文化意蕴上有所彰显。首先，非常规的楔形总平面加上咖啡简餐、书店、创意产品的组合业态，决定平面布局与空间动线处理上，要相应灵活。于是，通过大量斜线切割手法，并在虚实相间的隔墙、仪式感强劲的条形水景的自然区隔中，使各自业态属性获得相对的独立感，又在视觉逻辑中行气浑然，隽永的基调得到通盘贯彻；其次，在文化诉求中，甄选了明清之间金陵八家之一的高岑的《江山千里图》进行了现代感的拼接，画风的简淡雅致，与清雅浑然的色彩、材质表现，在形式上获得了高度一致，同时回归、知性、情调。

D 设计选材 Materials & Cost Effectiveness
在陈设运用上，强调了对立与和谐，突出空间表情的丰富性，如朴拙的瓮、石磨、卵石、斑驳的老木头、轻盈曼妙的织灯、纤细的干枝、生态的绿植、小巧的文人山水小品等。

E 使用效果 Fidelity to Client
个性的江南文化价值清晰展映，徒生了空间品质感。

Project Name_
Fengshangyaji Restaurant
Chief Designer_
Feng Jiayun
Participate Designer_
Gao Yinan
Location_
Wuxi Jiangsu
Project Area_
1,000sqm
Cost_
4,300,000RMB

项目名称_
风尚雅集餐厅
主案设计_
冯嘉云
参与设计师_
高毅南
项目地点_
江苏省 无锡市
项目面积_
1000平方米
投资金额_
430万元

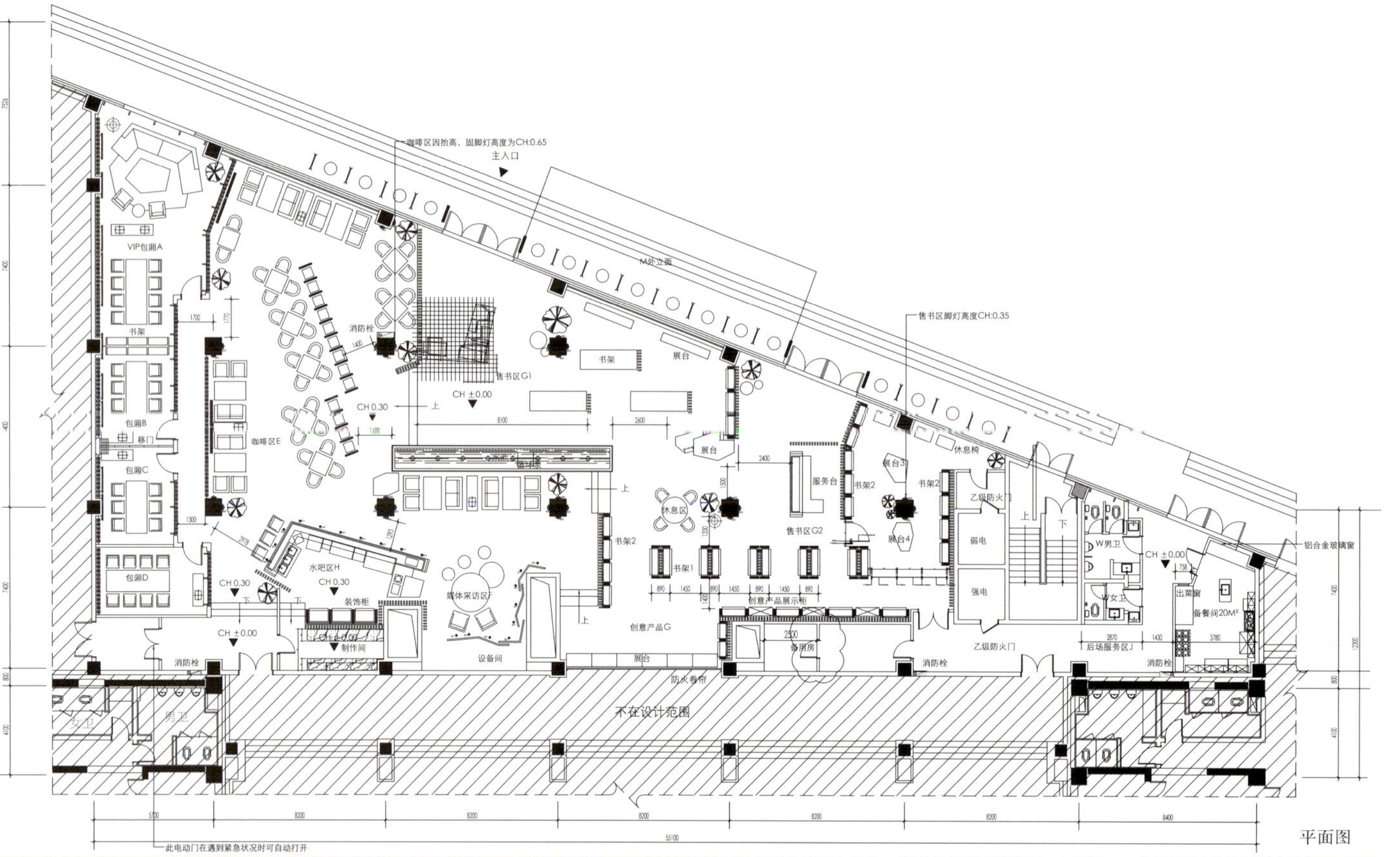

咖啡区因抬高，固脚灯高度为CH:0.65
主入口
VIP包厢A
书架
包厢B
移门
包厢C
包厢D
咖啡区E
消防栓
售书区G1
CH ±0.00
CH 0.30
展台
展台3
休息椅
售书区脚灯高度CH:0.35
休息区
服务台
书架2
售书区G2
展台4
乙级防火门
弱电
强电
W男卫
W女卫
CH ±0.00
出菜窗
备餐间20M²
铝合金玻璃窗
水吧区H
装饰柜
制作间
媒体采访区F
书架1
创意产品展示柜
创意产品G
设备间
备用房
后场服务区J
防火卷帘
不在设计范围
男卫
此电动门在遇到紧急状况时可自动打开

平面图

主案设计：
冯嘉云 Feng Jiayun
博客：
http:// 822008.china-designer.com
公司：
无锡市上瑞元筑设计制作有限公司
职位：
董事设计师、董事长

奖项：
2009年CIID“博德杯”地域文化室内设计大赛铜奖
2009年中国风-IAI2009亚太室内设计精英邀请赛二等奖
2009年CIID室内设计大奖赛商业工程类优秀奖
2009年度中国饭店业设计装饰大赛金堂奖（银奖）

项目：
一茶一坐餐厅
伴山惠馆
心怡堂足浴
惠泉酒坊
金水桶足浴

融会会所
Ronghui Club

A 项目定位 Design Proposition
塑造故事性，成为设计初衷，同时，知性、格调感的空间，亦建立在与高端目标客群心理机制相对应的预期。

B 环境风格 Creativity & Aesthetics
会所业态，注定是一小族群身心归所，是城市新贵“后奢侈、慢生活”专属现场。

C 空间布局 Space Planning
在色彩基调上，采用国际化手法表现的灰调，在浑然整体、沉稳大气暗示着对贵族精神的关照。

D 设计选材 Materials & Cost Effectiveness
黑的皮革、灰蓝的墙纸、布艺，灰色水纹的石材，到瑰丽大方的木纹、驼色的地毯、褐色的椅背、桌套及深黄的牛皮，演绎着由冷调到暖调的自然过渡与紧密的色彩逻辑，并由丰富的材质对比、纹饰变化形成了生动的空间张力，内敛中流溢悦动。

E 使用效果 Fidelity to Client
斑驳、古意、婆娑肌理的空间质感，带有鲜明、厚重的历史记忆，与曾经辉煌彪炳的“中国近现代工商业”、“民国”语境，在气质上吻合。

Project Name_
Ronghui Club
Chief Designer_
Feng Jiayun
Participate Designer_
Tiezhu, Geng Shunfeng
Location_
Jiangsu
Project Area_
1,440sqm
Cost_
4,500,000RMB

项目名称_
融会会所
主案设计_
冯嘉云
参与设计师_
铁柱、耿顺峰
项目地点_
江苏省
项目面积_
1440平方米
投资金额_
450万元

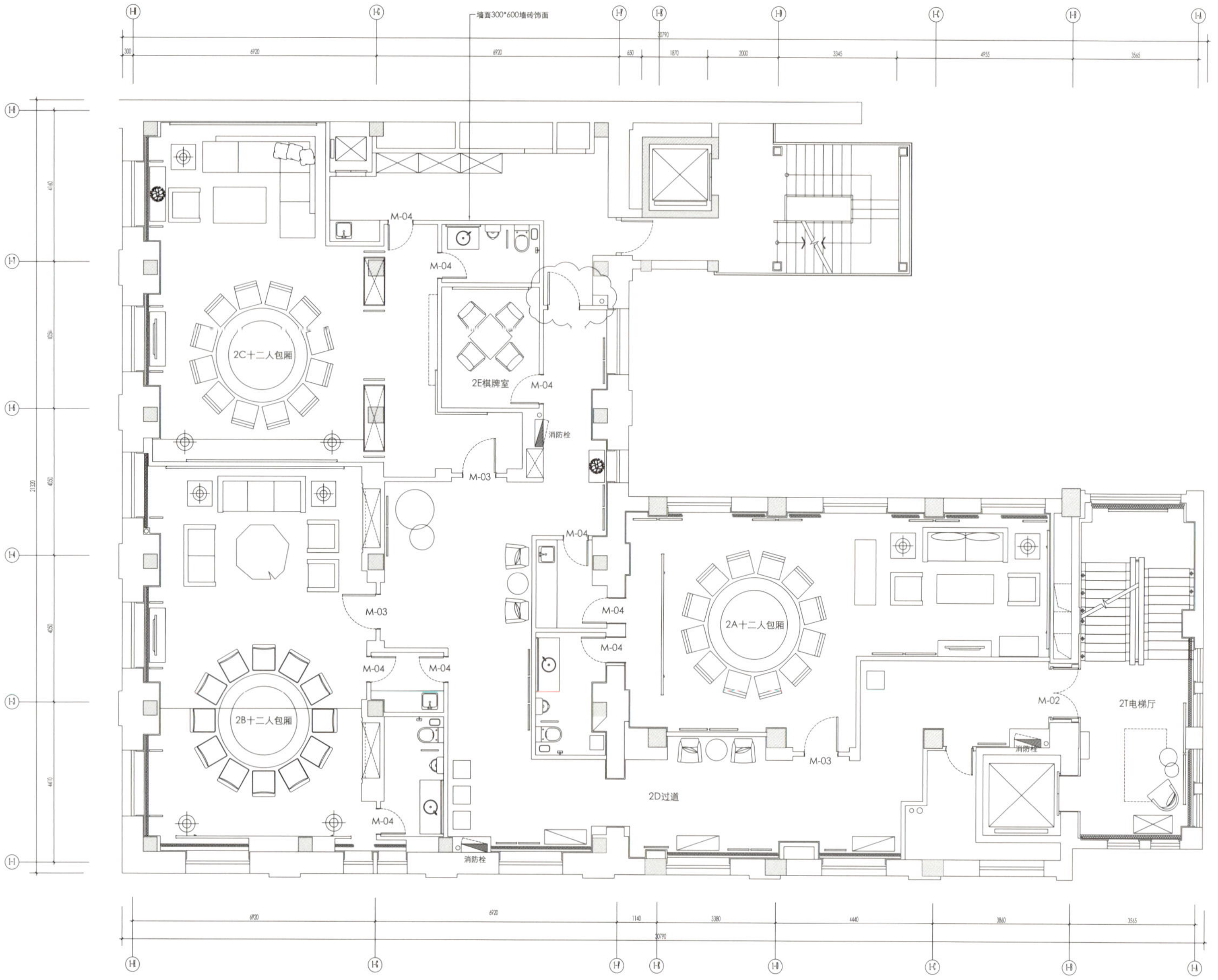

墙面300*600墙砖饰面
2C十二人包厢
2E棋牌室
消防栓
M-04
M-03
2A十二人包厢
2B十二人包厢
M-02
2T电梯厅
2D过道

平面图

主案设计：
陈轩明 Chen Xuanming
博客：
http:// 822406.china-designer.com
公司：
DPWT Design Ltd
职位：
董事

奖项：
2011金堂奖室内设计评选年度十佳公共空间
筑巢奖2010中国国际空间环境艺术设计大赛三等奖
筑巢奖2010中国国际空间环境艺术设计大赛优秀奖

项目：
北京首都时代广场地铁通道
香港嘉禾青衣电影城
香港嘉禾荃新电影城
美丽华酒店办公室
香港嘉禾青衣电影城
香港嘉禾荃新电影城
维健牙医诊所
深圳嘉里物流
上海嘉里物流

美丽华酒店餐厅
The Mira Restaurant

A 项目定位 Design Proposition
美丽华酒店餐厅是一个搬迁的翻新计划。美丽华委托 DPWT设计一个活泼和现代的幌子。更全面、更周到的更新随同整个办公室和工作人员配套方面进行，以配合水疗和酒店房间的新形象。

B 环境风格 Creativity & Aesthetics
考虑来酒店用餐的人对环境的要求，设计尽量有舒适现代感，因此采用鲜艳的桔红色调，突出轻松惬意，同时挂上富有现代化感的画作，增添艺术气息。

C 空间布局 Space Planning
整个平面布局上，合理地利用空间，将餐厅划分为几个部分，包括接待区，家庭区，四人区，沙发区，咖啡区，自助吧台和烧烤区，可以满足顾客不同的需求。

D 设计选材 Materials & Cost Effectiveness
座位品种范围从团体到个人，有些是以低餐桌混合高餐桌，以适应不同工作人员的不同工作时间。贵宾区在尽头设置了半透明的玻璃趟门。材料和颜色在这里有一点变化，更柔软和天然材料如木拼花地板在这里体现。

E 使用效果 Fidelity to Client
受到了来自其他各公司的赞赏，也受到了来餐厅就餐的顾客的赞赏，为DPWT的设计实力做了很好的广告宣传，也为DPWT在与其他公司合作的项目上提供了潜在商机。

Project Name_
The Mira Restaurant
Chief Designer_
Chen Xuanming
Participate Designer_
Bai Xuemei
Location_
Jiulong HangKong
Project Area_
355sqm
Cost_
9,000,000RMB

项目名称_
美丽华酒店餐厅
主案设计_
陈轩明
参与设计师_
白雪梅
项目地点_
香港 九龙
项目面积_
355平方米
投资金额_
900万元

主案设计：
金哲秀 Jin Zhexiu
博客：
http:// 822603.china-designer.com
公司：
北京丽贝亚建筑装饰工程有限公司
职位：
设计总监

奖项：
2009年11月徐州南湖别院酒店获2009年中国室内设计大奖赛酒店、宾馆方案类三等奖
2009年11月梨花小镇商力旅馆获2009年中国室内设计大奖赛酒店、宾馆工程类优秀奖
2009年12月梨花小镇商务旅馆经济型酒店类获2009年度金堂奖银奖

项目：
2006年上海德餐厅
2009年徐州南湖别院酒店
2010年连云港腾轩火锅店
2010年赣榆县金苑宾馆

赤峰悦海棠餐饮
Chifeng Pleasant Seascape Restaurant

A 项目定位 Design Proposition
环境艺术设计的最终目的是应用社会、经济、艺术、科技等综合手段，来满足人在空间中的存在和发展的需求。

B 环境风格 Creativity & Aesthetics
使环境充分容纳人们的各种活动，而重要的是使处于该环境中的人感受到该空间高度气质。

C 空间布局 Space Planning
人是空间的主体，该餐饮空间设计同样是以人的需求为出发点，体现出对一个群体的精神关怀。
本餐饮空间设计在充分满足使用功能的前提下，分为服务区（大堂、走廊、卫生间）和贵宾服务区（即包间）。每个包间在形式上是不一样的，当他们作为个体出现时依然和谐，材质上存在变化，色彩上存在变化，而在我们视觉上感觉并不花哨。

D 设计选材 Materials & Cost Effectiveness
材质的变化要同意于整个空间。

E 使用效果 Fidelity to Client
变化中有统一，统一中有变化。

Project Name_
Chifeng Pleasant Seascape Restaurant
Chief Designer_
Jin Zhexiu
Participate Designer_
Liu Ju, Zhao Lei, Jin Xin, Zhou Pengda, Lv Ruiying, Yin Zheming, Ya
Jie, Yuan Lijuan, Kang Yu
Location_
Chifeng Neimenggu
Project Area_
2,248sqm
Cost_
12,000,000RMB
项目名称_
赤峰悦海棠餐饮
主案设计_
金哲秀
参与设计师_
刘菊、赵磊、金鑫、周鹏达、吕瑞英、尹哲明、杨捷、袁黎娟、康
项目地点_
内蒙古 赤峰市
项目面积_
2248平方米
投资金额_
1200万元

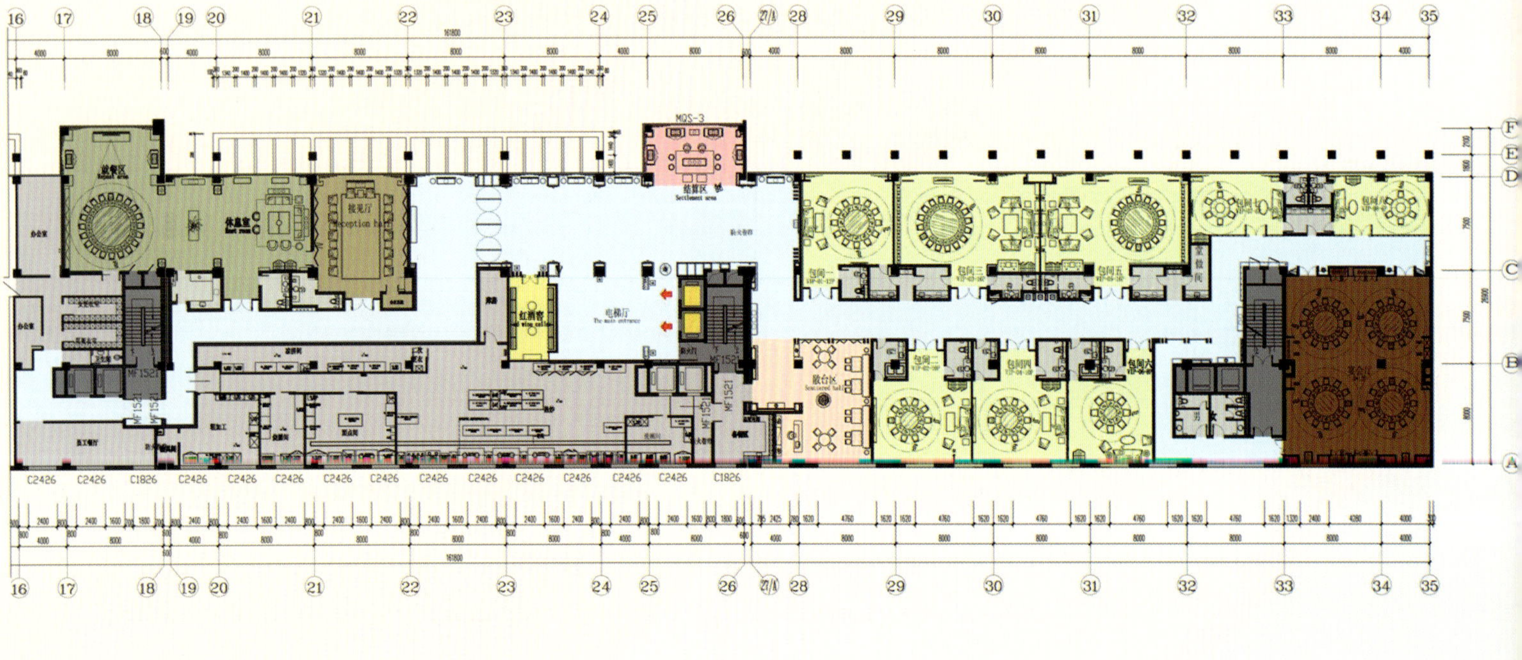

平面图

主案设计：
高波 Gao Bo
博客：
http:// 823541.china-designer.com
公司：
景德镇市车航室内装饰设计有限公司
职位：
设计总监

项目：
法蓝瓷别墅会所
俏昌南

俏昌南
Qiaochangnan

A 项目定位 Design Proposition
本餐厅地理位置处于陶瓷文化底蕴深厚的江西景德镇市。餐厅以浅色主导整个空间，业主希望表现出些许的当代陶瓷文化味道，在该案中设计师力求实现一种时尚并有浓厚人文情调的氛围。

B 环境风格 Creativity & Aesthetics
这套作品当中运用了以白色基调为主的陶瓷文化细节和中西元素符号的混搭融合。

C 空间布局 Space Planning
一进入餐厅，大理石中式符号灰木纹地砖拼花，写意水墨山水图案隔断，白色中式图案，现代的中式家具，配合西方的线条和吊灯，一种当代东方的时尚风迎面拂来。浅色一直贯穿于整个就餐空间。

D 设计选材 Materials & Cost Effectiveness
在浅色的背景之下，红、蓝、黄等色彩点缀其中，像小故事一般尽情地演绎。餐厅的处理细节，设计师加入了很多微妙的陶瓷素材、陶瓷的拉手、陶瓷的壁画，统一陶瓷的摆设品等，为了能够更好地体现餐厅地域代表性。

E 使用效果 Fidelity to Client
该案融入了不同的文化，将浪漫、怀旧特色融为一体，风格独特，格调高雅。处处见雅致，仿佛是当代与古典的融合，但浅色的基调又赋予了餐厅空间完全新鲜的感觉。

Project Name_
Qiaochangnan
Chief Designer_
Gao Bo
Location_
Jingdezhen Jiangxi
Project Area_
370sqm
Cost_
1,020,000RMB

项目名称_
俏昌南
主案设计_
高波
项目地点_
江西省 景德镇市
项目面积_
370平方米
投资金额_
102万元

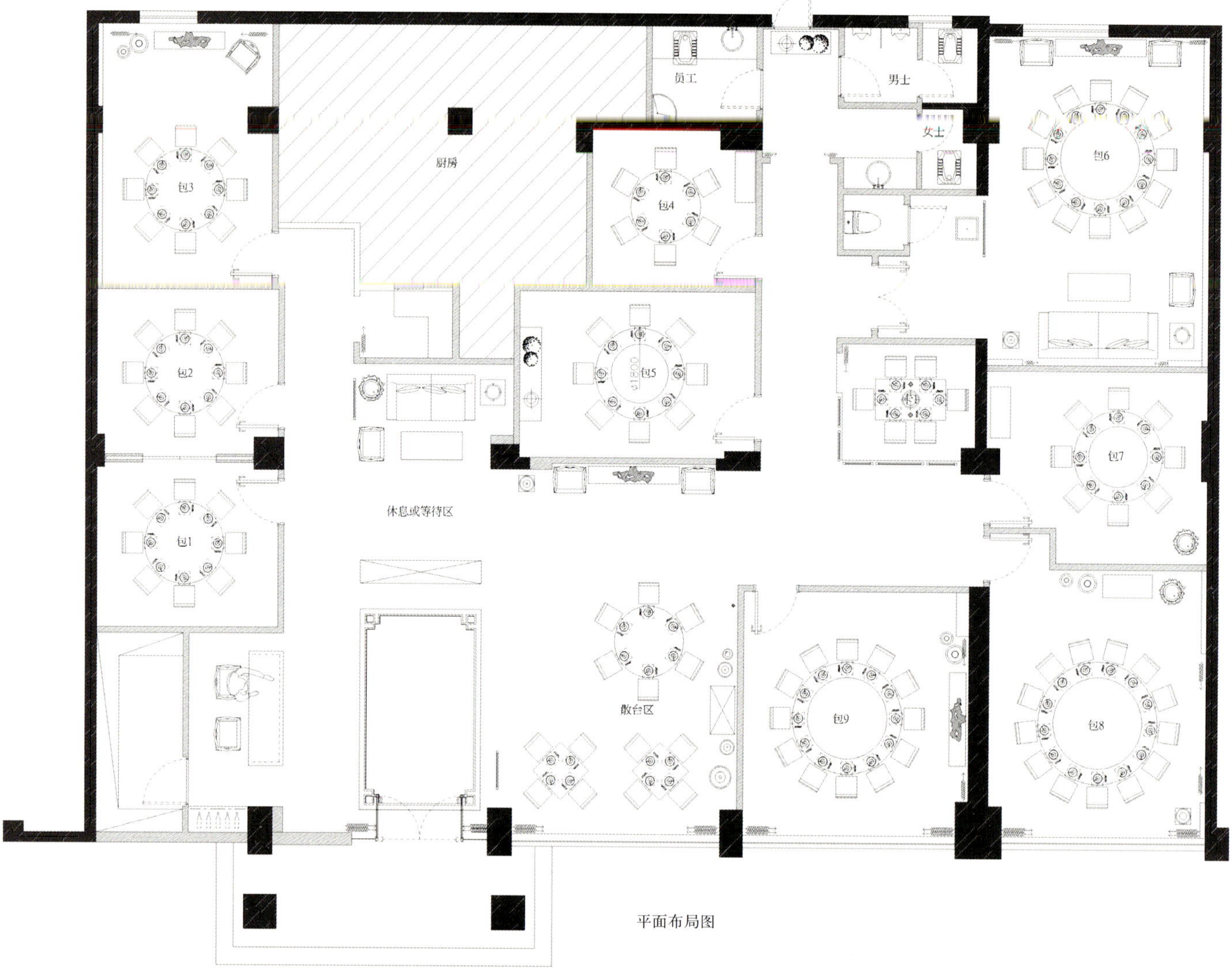

平面布局图

CHINA BEAUTY

主案设计：
胜木知宽 Tomohiro Katsuki
博客：
http:// 896998.china-designer.com
公司：
蒲森（上海）投资管理有限公司
职位：
设计总监

项目：
EN日本餐厅（上海思南路30号2楼）
日产汽车北京设计中心
NODE LOUNGE（酒吧）（上海市徐汇区红坊 A2-102）
TAO餐厅 宜兴花园豪生大酒店1F
PATIO咖啡厅 宜兴花园豪生大酒店3F
上海世博会 大阪馆区 设计咨询合作
凡醍坊 葡萄酒专卖店（上海环球金融中心 地下1楼）
和民日本餐厅 上海353广场
NOVO CONCEPT 北京市LG双子座大厦

上海EN Shanghai餐厅（日本料理）

EN SHANGHAI - Japanese Restaurant & Ber

A 项目定位 Design Proposition

EN Shanghai 在田子坊有一家姐妹餐厅叫作EN Grill&Bar，而新店专注做日式料理，餐厅环境也更契合思南路的静谧之意。

B 环境风格 Creativity & Aesthetics

在室内空间的陈设上，EN Shanghai 将中国的五行文化重新演绎，这五行元素分别用铜制品(金)、原木(木)、黑色玻璃(水)、 火焰图案(火)和陶器(土)来表示，象征世间万物的生生不息。

C 空间布局 Space Planning

品尝和食本来就讲究心灵与味觉的契合，因此餐厅的每一处区域都做了与饮食相符的设计。炭烤区域让客人坐在高脚凳上，想吃什么直接和厨师沟通。

D 设计选材 Materials & Cost Effectiveness

以原木制作的云彩隔断，让客人在品味料理的时候遥想到云雾缭绕的富士山；居酒屋风格的下沉式榻榻米更适合较多人的私密聚会。黑色玻璃与红色火苗相搭配的酒吧区，则将在入夜后大显身手。

E 使用效果 Fidelity to Client

业主非常满意。

Project Name_
EN SHANGHAI - Japanese Restaurant & Ber
Chief Designer_
Tomohiro Katsuki
Location_
Luwan Shanghai
Project Area_
400sqm
Cost_
3,000,000RMB

项目名称_
上海EN Shanghai餐厅（日本料理）
主案设计_
胜木知宽
项目地点_
上海市 卢湾区
项目面积_
400平方米
投资金额_
300万元

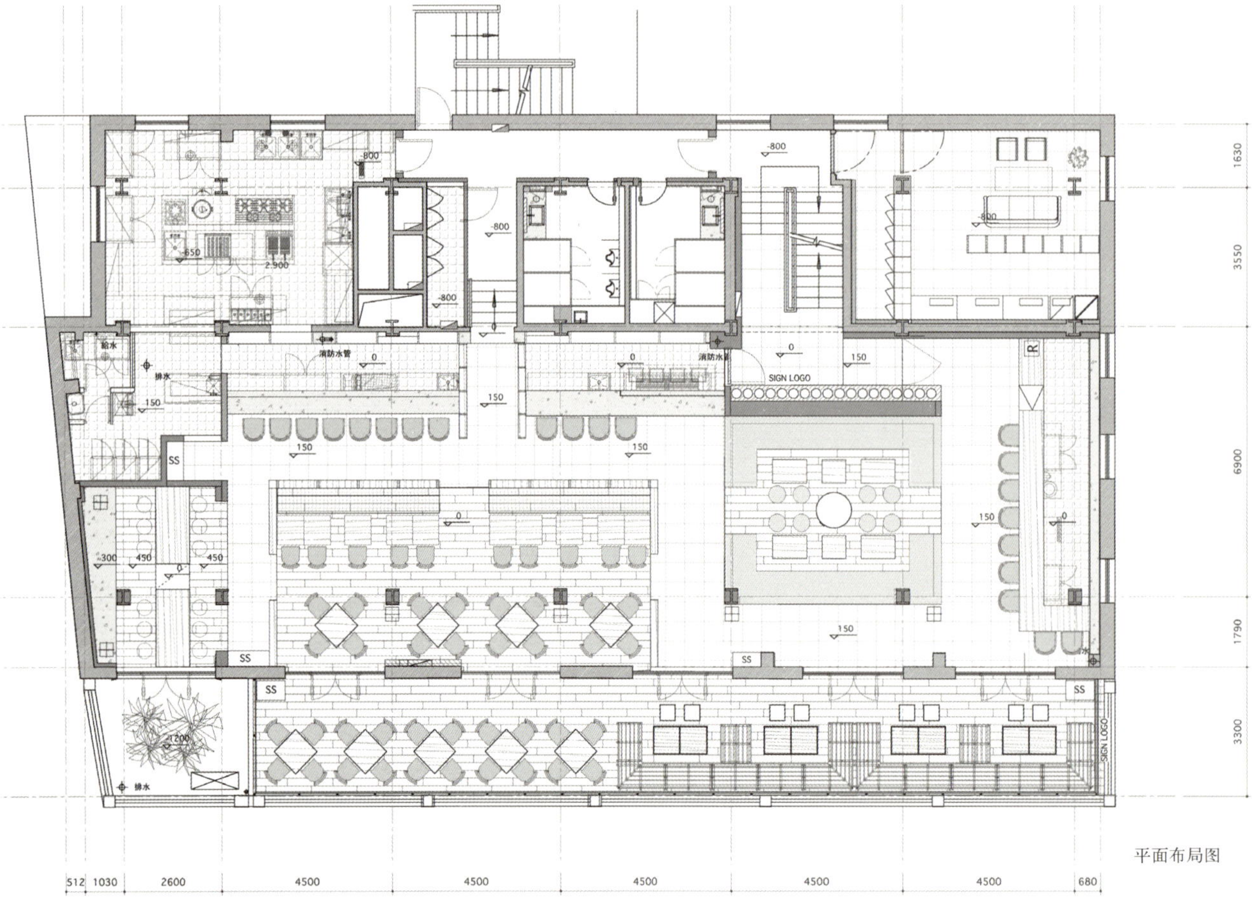

平面布局图

en
SHANGHAI

主案设计：
陈浩 Chen Hao
博客：
http:// 924649.china-designer.com

易品清莲素食馆
Lotus vegetarian restaurant

A 项目定位 Design Proposition
定位人群广泛，更偏向于年轻人，让更多的年轻人喜欢上素食。

B 环境风格 Creativity & Aesthetics
采用清新自然的设计手法，色彩采用白色黑色等自然通透的色彩。

C 空间布局 Space Planning
将功能和客户需求用楼层划分。

D 设计选材 Materials & Cost Effectiveness
自然，天然材料。

E 使用效果 Fidelity to Client
更易被客户接受，并愿意尝试，喜欢。

Project Name_
Lotus vegetarian restaurant
Chief Designer_
Chen Hao
Location_
Yancheng Jiangsu
Project Area_
300sqm
Cost_
550,000RMB

项目名称_
易品清莲素食馆
主案设计_
陈浩
项目地点_
江苏 盐城
项目面积_
300平方米
投资金额_
55万元

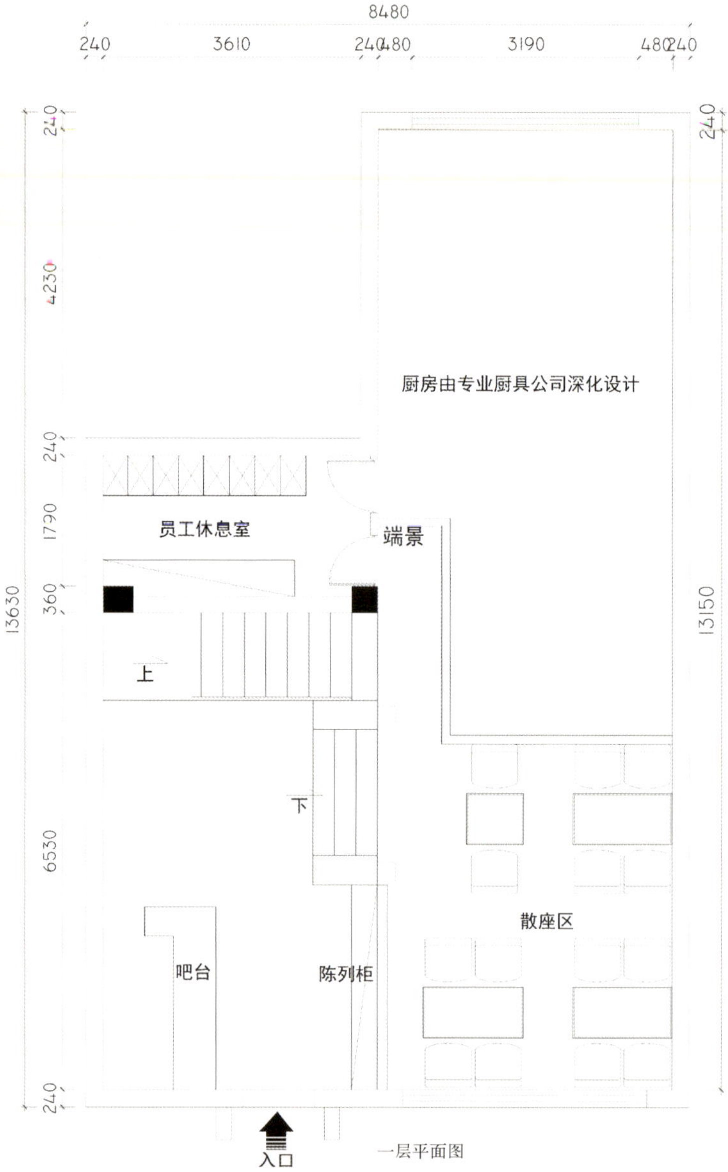
8480
240
3610
240
480
3190
480
240
240
4230
240
1790
360
6530
240
13630
13150
13630
厨房由专业厨具公司深化设计
员工休息室
端景
上
下
散座区
吧台
陈列柜
入口

一层平面图

主案设计：
徐迅君 Xu Xunjun
博客：
http://1014232.china-designer.com
公司：
蘑菇云建筑设计咨询（上海）有限公司
职位：
室内设计合伙人

奖项：
2008年 亚太室内设计双年展 “电影酒店” 获酒店设计铜奖
2009年 金外滩奖 “电影酒店” 获优秀奖
2010年 亚太室内设计双年展 “V Club” 获优秀作品奖

项目：
上海梅龙镇广场伊势丹百货主场室内设计
上海2008年世博会土耳其馆深化设计
杭州富阳天鸿美和院样板别墅样板房设计
上海幸福131餐厅南京西路店室内设计
林洋集团证大五道口集团办公室
宁波月湖城市展览馆
深圳隐秀山庄（正中）酒店室内设计
伦敦battersea展览场地设计
英国考文垂市Juguar汽车展厅
北京深航酒店（五星）室内设
深圳蛇口海上世界体验中心项
NIKE 休闲系列概念店设计
[illegible]
宁波天一广场汉店餐厅等

上海幸福131餐厅之重庆江湖菜南京西路店
Happy 131,Nanjing west Rd, Shanghai

A 项目定位 Design Proposition

“幸福131餐厅是沪上一家有名的重庆风味川菜馆，早年在幸福路上的131号开业，由此得名。这次的新店选址在商业氛围浓郁，白领聚集的南京西路商圈，创意出发点依然是“幸福感”，力求用质朴洗练的手法创造出浓郁中带着清新的川味环境。

B 环境风格 Creativity & Aesthetics

场地周围是不同的餐饮商家，我们用口号式的"What is happiness?"互动大留言板和大面积的原木墙面，勾勒出131独到的”幸福感“形象。

C 空间布局 Space Planning

场地是L形的，而且两边的空间感很不一样。用原木包裹的两间包房把两边顺畅连接起来，长吧台和表演区域设计在中心位置，同时兼顾两边的服务和景观。

D 设计选材 Materials & Cost Effectiveness

运用了大量原木，水泥，细麻布等天然材质，进餐区有整面墙是垂直绿化，用餐环境清新富有生机，和色泽浓郁的重庆菜相互映衬，是店里的亮点。

E 使用效果 Fidelity to Client

幸福131南西店在8月份的试营业阶段已经收获很高人气，沪上名主持曹可凡特别带队在店里取景拍摄美食节目，幸福131餐厅的新浪微博和一系列营销活动也取得了很好的口碑。

Project Name_
Happy 131,Nanjing west Rd, Shanghai
Chief Designer_
Xu Xunjun
Participate Designer_
Yang Yuqing, Han Xiaoyu, Wu Xiaohui, Zheng Jiachi, Wang Yinghui, Li Meic
Location_
Shanghai
Project Area_
500sqm
Cost_
4,000,000RMB

项目名称_
上海幸福131餐厅之重庆江湖菜南京西路店
主案设计_
徐迅君
参与设计师_
杨育青、韩晓煜、吴晓晖、郑佳驰、王莹辉、李美蝶
项目地点_
上海
项目面积_
500平方米
投资金额_
400万元

主案设计：
Denny Ho
博客：
http:// 1014890.china-designer.com
公司：
成都蓝翔设计工作室
职位：
创意总监

项目：
华润24城
华侨城纯水岸独栋别墅
彩蝶园
欧香小镇
鹭岛国际

彼得潘意大利西餐厅
Peterpan Italian Restaurant

A 项目定位 Design Proposition
创造一个多功能的休闲享乐空间，不仅限于用餐，强调餐厅与人的互动性。增加了酒吧区、表演台、阅读区、娱乐区、户外下午茶等等。把国外独特的风土人情引入到餐厅中来。

B 环境风格 Creativity & Aesthetics
意大利乡村风格，突出原生态，充满异国风情。由于成都阳光稀缺，整个设计色调上运用暖黄色和绿色给人阳光和温暖的感觉，充满生机。

C 空间布局 Space Planning
巧妙的把各个功能区域有效地结合起来。创造出一个多功能的休闲用餐空间。

D 设计选材 Materials & Cost Effectiveness
为了突出原生态、乡村的感觉，材料上多选用石材、木制品。

E 使用效果 Fidelity to Client
由于餐厅的整体设计在商业街上非常亮眼，为餐厅带来了很大的收益。餐厅充满了异国情调，承接了很多小型婚宴、生日宴、聚会等等。成为很多外籍人士聚餐的首选之地。

Project Name_
Peterpan Italian Restaurant
Chief Designer_
Denny Ho
Location_
Chengdu Sichuan
Project Area_
700sqm
Cost_
1,000,000RMB

项目名称_
彼得潘意大利西餐厅
主案设计_
Denny Ho
项目地点_
四川省 成都市
项目面积_
700平方米
投资金额_
100万元

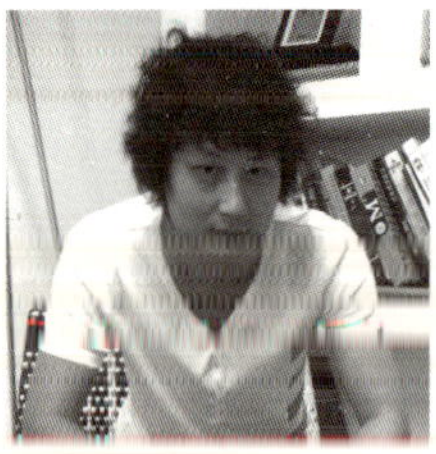

主案设计：
李凌 liling
博客：
http:// 1015267.china-designer.com
公司：
重庆佐耕装潢设计工程有限公司
职位：
设计总监

项目：
寻常故事私家菜馆
莲餐厅
未时会所
石里石头（无国界餐厅）
佰酿酒窖
北京十渡度假假日酒店（五星）
长寿新康置业：璞山售房部、样板间

重庆龙湖时代天街的餐厅部分

莲餐厅
Lotus Restaurant

A 项目定位 Design Proposition
“莲”本身是就是一种干净、纯洁的产物。而有时又是一种“神物”，脱俗又有品质。在这种理念的引导下，将其耸立在了快节奏下的解放碑CBD。

B 环境风格 Creativity & Aesthetics
在设计中只用了三种特殊材料：不锈钢、地平漆和最有眼缘的烟缸状玻璃砖。只有三种颜色黑、白、灰。简洁、大气、有质感。

C 空间布局 Space Planning
由于材料的特殊性，整个餐厅大面积的反射，形成了很有层次的错乱感，很有视觉冲击。

D 设计选材 Materials & Cost Effectiveness
镜面不锈钢、超白玻玻璃（不是一般的玻璃，清晰度极高）地平漆、定制烟缸状玻璃砖。

E 使用效果 Fidelity to Client
作品呈现后比预期的效果要好。和其他餐厅形成了突出的差异性。非常适合年轻人。

Project Name_
Lotus Restaurant
Chief Designer_
Li Ling
Location_
Yuzhong Chongqin
Project Area_
655sqm
Cost_
3,000,000RMB

项目名称_
莲餐厅
主案设计_
李凌
项目地点_
重庆市 渝中区
项目面积_
655平方米
投资金额_
300万元

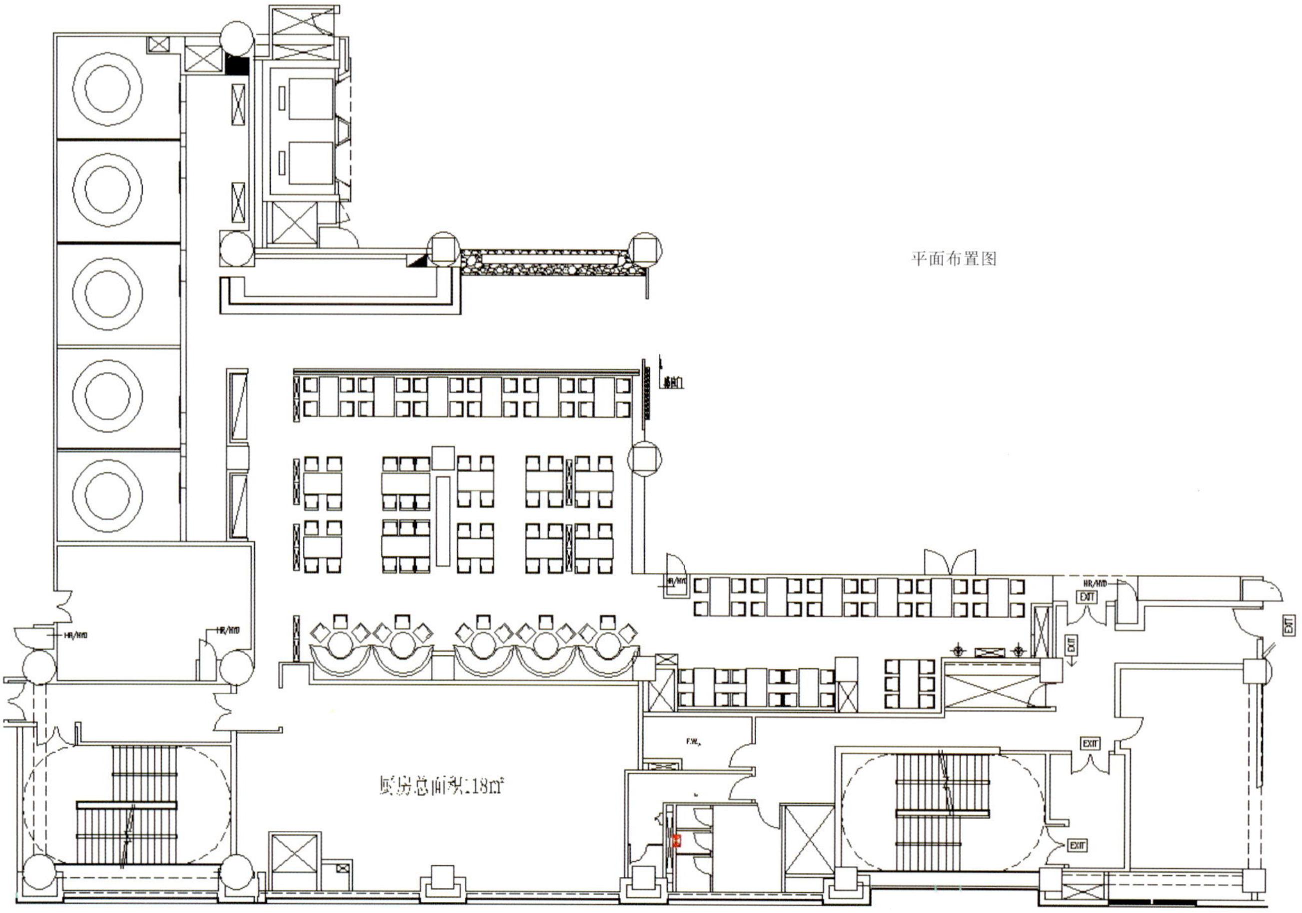

平面布置图

16

L05

L02

主案设计：
于丹鸿 Yu Danhong
博客：
http:// 1015269.china-designer.com
公司：
重庆朗图室内设计有限公司
职位：
设计总监

项目：
菩提素餐厅
华西口腔医院
沐思城市酒店
97号新食坊
福州道•咖啡
莲花酒吧
爱上酒吧
one餐厅

朴素餐厅
Zen Vegetarian

A 项目定位 Design Proposition

朴素餐厅是一间素食餐厅，提供绿色自然的纯粹素食餐饮，朴素者，天下之大美。这个设计试图去营造一个可以让身心片刻宁静，抛开当下的喧扰，可以安静地去寻找每个人本真需求的地方，人和自然达成更和谐的关系。通过设计去讲述一个朴素的生活哲学。

B 环境风格 Creativity & Aesthetics

设计意图用尽可能少的设计语言，去表达含蓄内敛的东方文化。期望通过没有具象信息诉求的方式，更多的暗示和含蓄地表达。

C 空间布局 Space Planning

收和放，是空间布局的重点。通过起伏蜿蜒的隧道，到豁然开朗的穹顶；从临窗见江的开放明亮，到竹栅围合的私密幽暗。通过收放的布局去引导心理感受的变化。

D 设计选材 Materials & Cost Effectiveness

设计中仅用到两种主要材质，竹和石。江西的细竹片条，制作了围合隔断，隧道，穹顶，地面也是铺贴的同样的竹条。 福建的灰色花岗岩石，保留了刚刚开采出来时的劈离石面，无修饰的上墙，通过自然的起伏展现丰富的效果。

E 使用效果 Fidelity to Client

朴素餐厅开业营运后，有着众多客群慕环境之名前来，经营状态优秀。

Project Name_
Zen Vegetarian
Chief Designer_
Yu Danhong
Location_
Jiangbei Chongqing
Project Area_
500sqm
Cost_
1,500,000RMB

项目名称_
朴素餐厅
主案设计_
于丹鸿
项目地点_
重庆市 江北区
项目面积_
500平方米
投资金额_
150万元

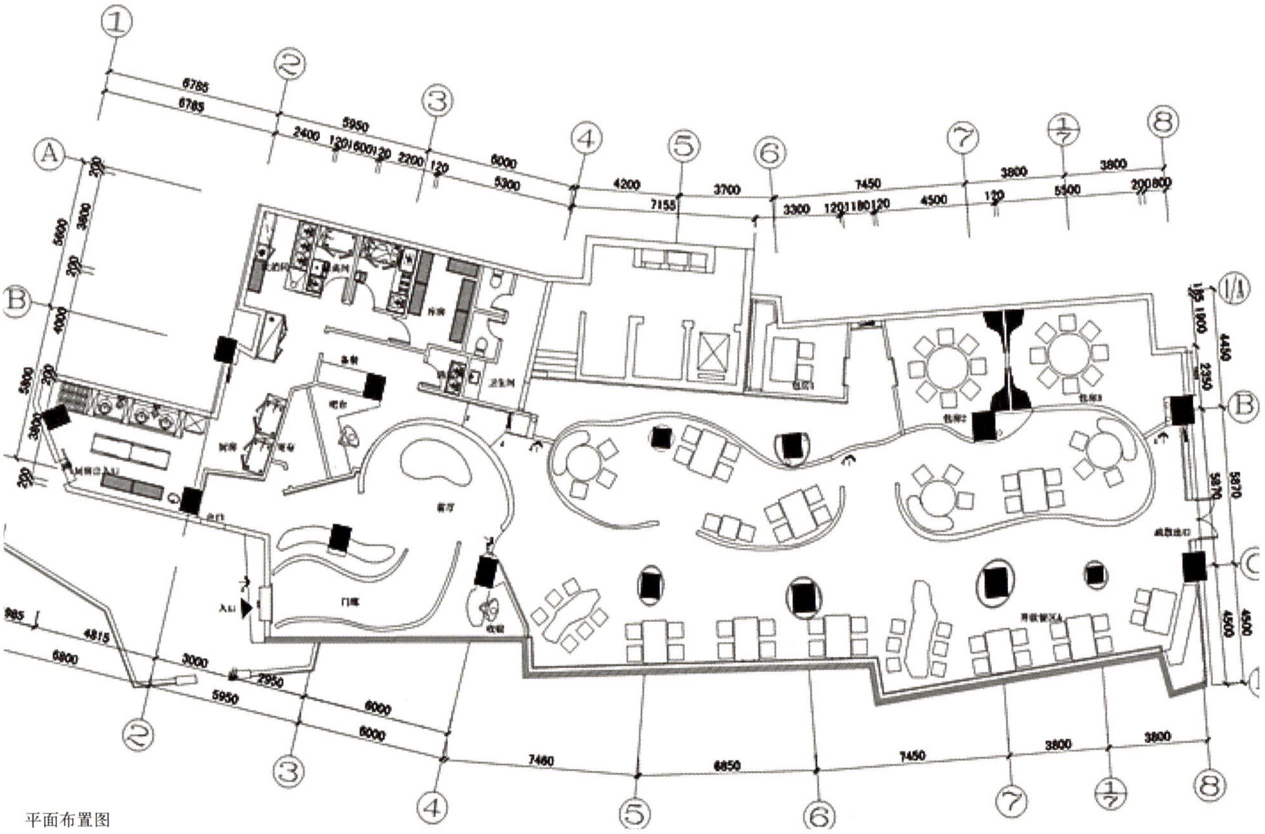

平面布置图

朴素
Zen Vegetarian

主案设计：
朱回瀚 Zhu Huihan
博客： http:// 1015414.china-designer.com
公司： 朱回瀚设计顾问工程（香港）有限公司
职位： 总经理
职称：
中国美术家协会湖北分会会员
武汉文化遗产协会理事
武汉设计联盟理事长

奖项：

中国国际设计艺术博览会2010-2011年度“十大最具影响力设计机构”

2011年度国际环境艺术创新设计——华鼎奖

2011年度餐饮娱乐空间类一等奖

《现代装饰》杂志2011”设计新势力“年度十大设计团队”

项目：

湘鄂情北京总店
武汉天地•丹青宴酒店
上海湘鄂情徐汇店
成都•寒舍
新世界地产集团光谷别墅
武汉远洋国际庄园•会所
万科金域华府•璞园公馆
深圳凤凰精英汇
武汉天地V12本原酒吧
南京精英会
拉萨饭店（五星）贵宾楼
水墨江南
北京西单•武警总队酒店贵宾楼
天上人间夜总会

湘鄂情—源

Xiang Yue Qing Restaurant

A 项目定位 Design Proposition

属时尚白领阶层的消费客群，即地域口味族定位，追求湘鄂菜系的新派原味。

B 环境风格 Creativity & Aesthetics

在色彩的运用上追求纯粹，以黑、白、灰的冷静基调衬托出了红色的热烈。对古老的中式原素加以提炼简约化处理，透净的红色寓意着湘、鄂两湖饮食文化的个性。

C 空间布局 Space Planning

为使这个4.6米高近乎正方形的空间得到有效的运营面积应用，前厅餐区规划为一个长向的共享空间，全开放的落地玻璃与户外的竹林相呼应，竹林带的景观形成一道天然屏障使喧闹的街区自然的隔离；内厅下沉60厘米得以形成复式结构，利用中间柱子形成一个四围合岛区，使通道和周围的餐位有效自然的分区围合。

D 设计选材 Materials & Cost Effectiveness

白色的梨枝面手工麻石框构和酸枝木的柱阵排列，有效地增强了建筑空间的延引感；内厅隔间的壁玉形圆顶纹饰用现代工艺的欧茶镜蚀刻是传统文化与现代技术手法表现的体验。

E 使用效果 Fidelity to Client

环境纯净而典雅，静谧中不失热情，没有任何多余的矫饰，那朦胧的红色清透玻璃让人似梦似幻在富有层次感的灯光中瞬间点燃了整个餐厅的激情。

Project Name_
Xiang Yue Qing Restaurant
Chief Designer_
Zhu Huihan
Participate Designer_
Tu Jun, Yin Ying
Location_
Wuchanghongshanguangchang Hubei
Project Area_
1500sqm
Cost_
4,500,000RMB

项目名称_
湘鄂情-源
主案设计_
朱回瀚
参与设计师_
涂俊、殷莺
项目地点_
湖北省 武昌洪山广场
项目面积_
1500平方米
投资金额_
450万元

15

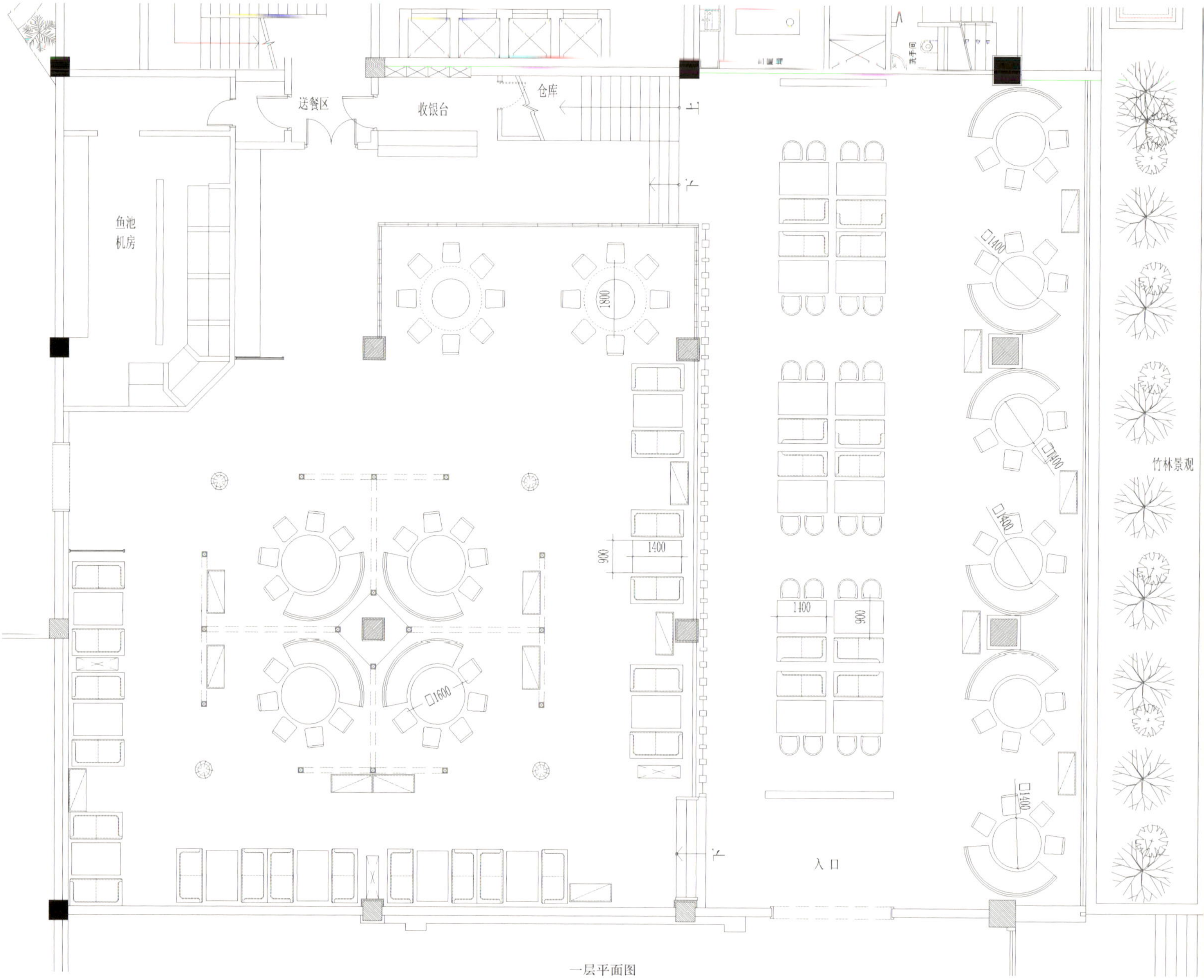

一层平面图

主案设计：
陈建翔 Chon Jianxiang
博客：
http:// 1015533.china-designer.com
公司：
宁波海曙能量黑石设计有限公司
职位：
设计总监

奖项：
新中源杯设计大赛 铜奖

项目：
宁波和天下商务会所
宁波潮人酒吧
宁波和公馆高级商务会所

美宴摩登餐厅月湖盛园店

FEAST MODERN RESTAURANT

A 项目定位 Design Proposition

环境格调通透开放，体验花园式情景空间，结合项目建筑特色和西面的临街优势，设计师在项目西面全部采用优雅落地大窗，同时秉承美宴一贯的低调风范，弱化入户大门的概念，让宾客在曲径通幽的情景体验中，感受到空间的豁然开朗和不断过渡。

B 环境风格 Creativity & Aesthetics

法式&美式，实现自然舒展的空间提升，在装饰的搭配上，既忠于贵族式宴会场端庄大气的主题风格，又满足餐厅放松舒适的空间功能需求。

C 空间布局 Space Planning

餐厅就着“回”字形走廊通道布局，形成的两大全挑高空间为二楼、三楼的包厢提供了情景式的花园体验，站在包厢外的走廊上，或者立于包厢内的落地挑阳台上，皆可以凭栏俯瞰花园绿意，或仰望屋顶璀璨灯光星辰，尊贵气度可谓一气呵成。

D 设计选材 Materials & Cost Effectiveness

在整体空间的布局和大空间的硬装把握上，运用了美式的自由灵动，形成舒适自在的整体空间感。而在细节营造和软装搭配上，则极尽法式的精致和浪漫，以最大程度提升宾客整个用餐体验过程的舒适度。

E 使用效果 Fidelity to Client

让宾客既能感受到餐厅的奢华高贵感，同时在就餐的过程中又能身心舒展、自在、愉悦，真正获得顶级的体验和享受。

Project Name_
FEAST MODERN RESTAURANT
Chief Designer_
Chen Jianxiang
Location_
Ningbo Zhejiang
Project Area_
2,500sqm
Cost_
20,000,000RMB

项目名称_
美宴摩登餐厅月湖盛园店
主案设计_
陈建翔
项目地点_
浙江省 宁波市
项目面积_
2500平方米
投资金额_
2000万元

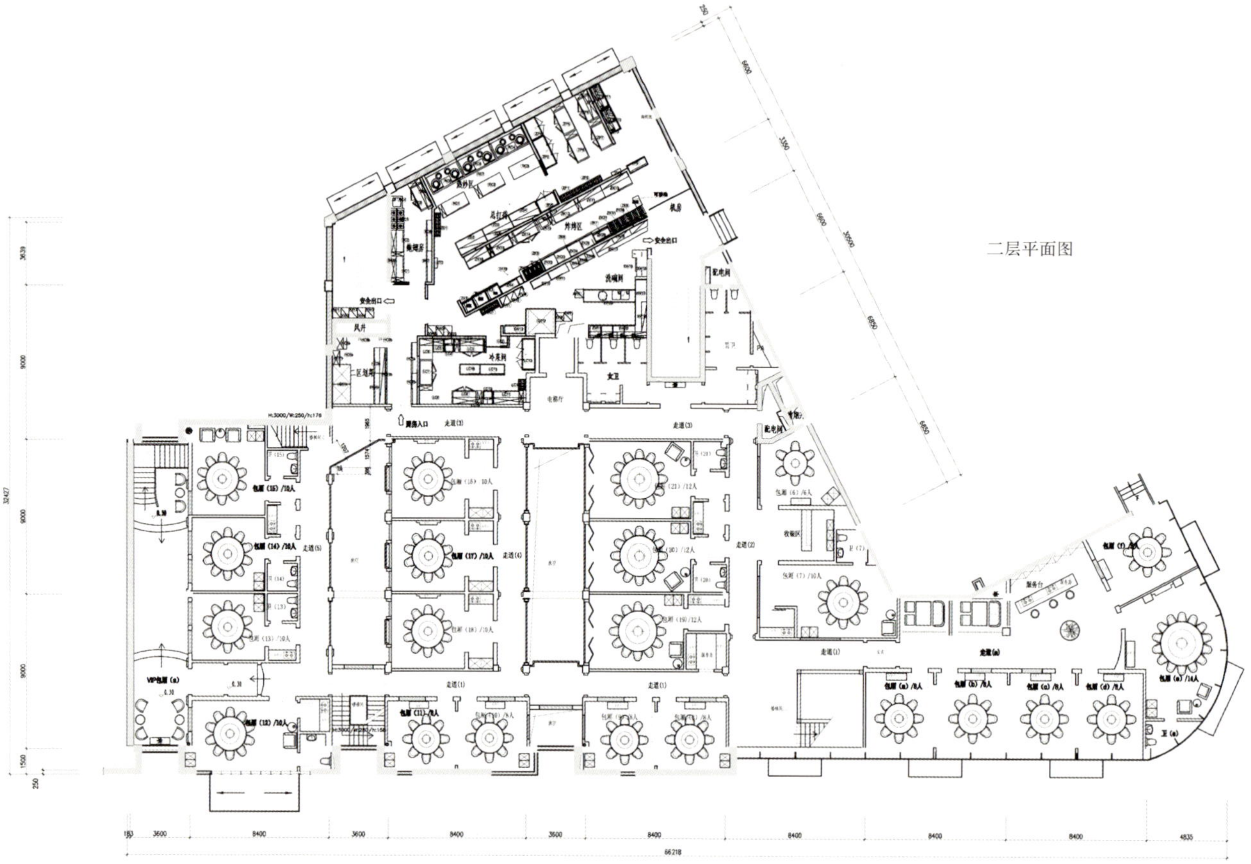

二层平面图

主案设计：
吴其华 Wu Qihua
博客：
http:// 1015577.china-designer.com
公司：
北京屋里门外设计有限公司
职位：
创意总监

奖项：

2008年获得亚太室内设计双年大奖赛——餐饮空间类佳作奖

2007年获得中国室内设计大奖赛——商业类佳作奖

2006年获得中国（深圳）国际品牌与设计大赛——建筑与室内设计金奖

2006年获得中国（深圳）国际品牌与设计大赛——建筑与室内设计佳作奖

项目：

北京亚太东方通信网络有限公司办公室
香山华新资产莱佛士办公室
CIBN 国广东方网络北京公司办公楼
曲美家具集团办公楼
国家超级计算深圳中心办公楼
中鸿建筑设计公司办公室
四季民福东四十条店
四季长安养生会所
提香溢茶楼
纳兰家宴酒楼
看看领鲜饮食会所

四季民福烤鸭店

Si Ji Min Fu Roast Duck Restaurant

A 项目定位 Design Proposition

四季民福是以北京的特色传统饮食烤鸭为主的新派中餐，定位为平民中档消费。

B 环境风格 Creativity & Aesthetics

轻松的现代中式风格是本案的设计的基调，没有传统中式厚重严谨的设计规则和视觉元素，而是在加入亲民的休闲气息，营造出放松且平易近人的就餐环境。

C 空间布局 Space Planning

在原有建筑的基础上，本案的空间被调整为两层，一层为接待及散座区，二层以包间及小宴会区为主。为了解决二层餐饮空间层高不足产生的压迫感，二楼空间从楼板到顶板，都进行了“开洞”设计，将自然光引入，也使一、二层相互贯通。

D 设计选材 Materials & Cost Effectiveness

本案中的一处特色便是对材料进行了二次利用，设计师选择了从老建筑中回收的老榆木作为大面积的木装饰。 老榆木重新加工处理成不同薄厚的板材，表面的翻新露出了原有的木纹，呈现其特有的自然美感和环保的特点。

E 使用效果 Fidelity to Client

按照甲方原本设定的中档人均消费标准，在实际的经营过程中已由客人主动提升翻倍。

Project Name_
Si Ji Min Fu Roast Duck Restaurant
Chief Designer_
Chen Jianxiang
Location_
Dongcheng Beijing
Project Area_
840sqm
Cost_
4,000,000RMB

项目名称_
四季民福烤鸭店
主案设计_
吴其华
项目地点_
北京市 东城区
项目面积_
840平方米
投资金额_
400万元

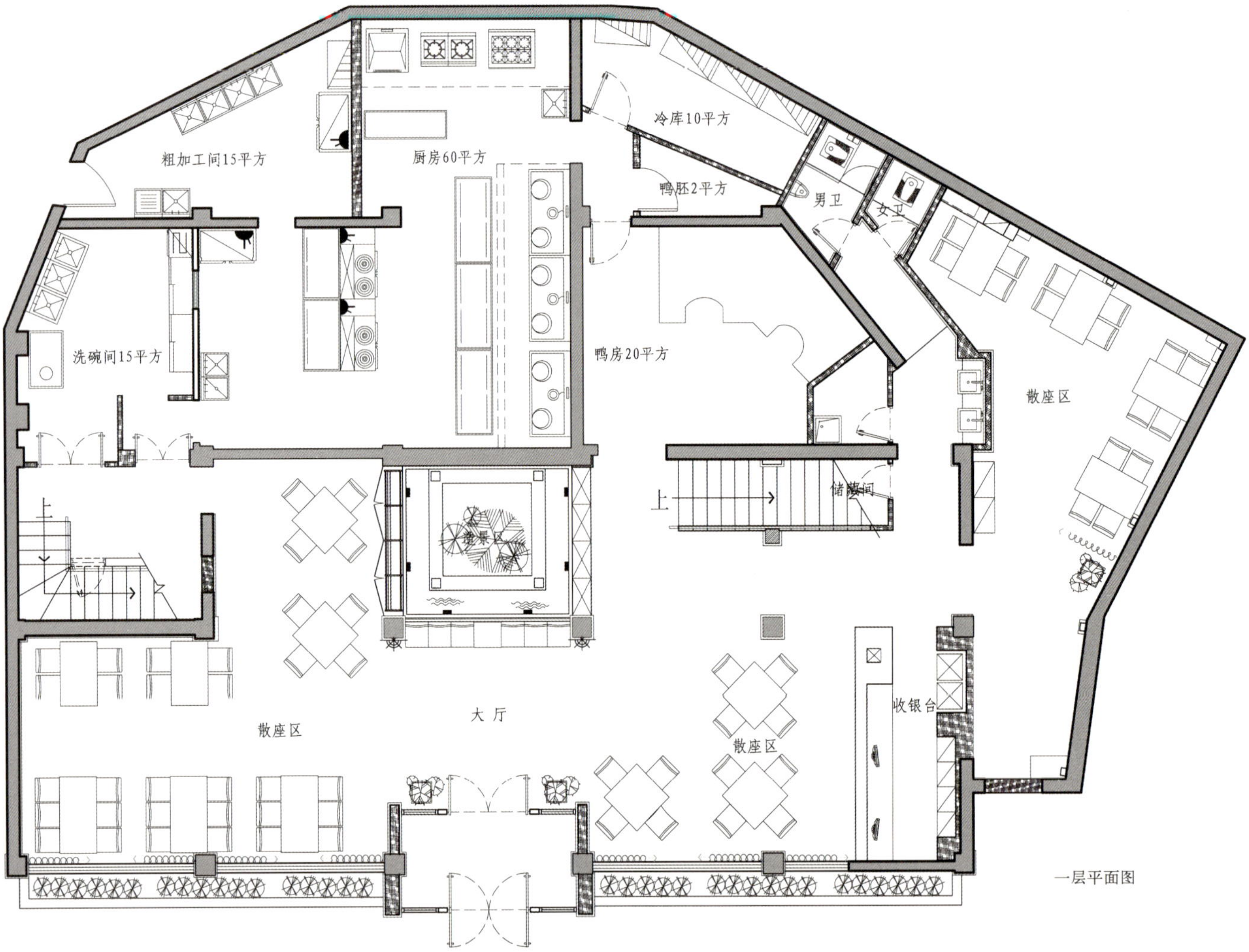
粗加工间15平方
厨房60平方
冷库10平方
鸭胚2平方
男卫
女卫
洗碗间15平方
鸭房20平方
散座区
上
上
储藏间
散座区
大厅
散座区
收银台

一层平面图

主案设计：
孙洪涛 Sun Hongtao
博客：
http:// 1015585.china-designer.com
公司：
浙江亚夏设计研究院有限公司
职位：
副总设计师、三分院院长

职称：
中国建筑装饰协会室内建筑师
奖项：
中国杰出中青年室内建筑师
浙江省优秀建筑装饰设计奖
获亚太室内设计大奖赛优胜奖
项目：
重庆万盛国际大酒店室内设计
骑马山高尔夫会所酒店室内设计
柒公名豪大酒店室内设计
蓝天玫瑰园会所室内设计
吉林世贸大酒店室内设计
绍兴大闸服务区酒店
野风、山会所室内设计
同方国际大酒店
水墨江南
北京西单•武警总队酒店贵宾楼
天上人间夜总会

柒公名豪大酒店
Seven male Minghao Grand Hotel

A 项目定位 Design Proposition

梅，剪雪裁冰，一身傲骨；兰，空谷幽香，孤芳自赏；竹，筛风弄月，潇洒一生；菊，凌霜自行，不趋炎势。

B 环境风格 Creativity & Aesthetics

进入大厅，首先映入食客眼帘的正是这铜质雕刻的“花中四君子”。梅兰竹菊，是君子的象征，蕴含中国人对最崇高的人格品性的赞美与向往。大凡生命和艺术上升到“境界”的层面，都致力于将有限的性格特质升华为永恒无限之美。

C 空间布局 Space Planning

幽静儒雅的空间，极具翩翩君子之风，大气开阖的布局，更显雍容气度。

D 设计选材 Materials & Cost Effectiveness

中式的布局、器物，搭配欧式的家具、水晶灯，亦中亦西，抽象的水墨画，糅合了两者之间的矛盾与对比，使之衔接更为自然。

E 使用效果 Fidelity to Client

柒公名豪餐厅，尊在气度，豪在品味。

Project Name_
Seven male Minghao Grand Hotel
Chief Designer_
Sun Hongtao
Participate Designer_
Jiang Liangjun, Hu Jietao
Location_
Shaoxing Zhejiang
Project Area_
500sqm
Cost_
8,500,000RMB

项目名称_
柒公名豪大酒店
主案设计_
孙洪涛
参与设计师_
蒋良君、胡杰涛
项目地点_
浙江省 绍兴市
项目面积_
500平方米
投资金额_
850万元

贰零壹

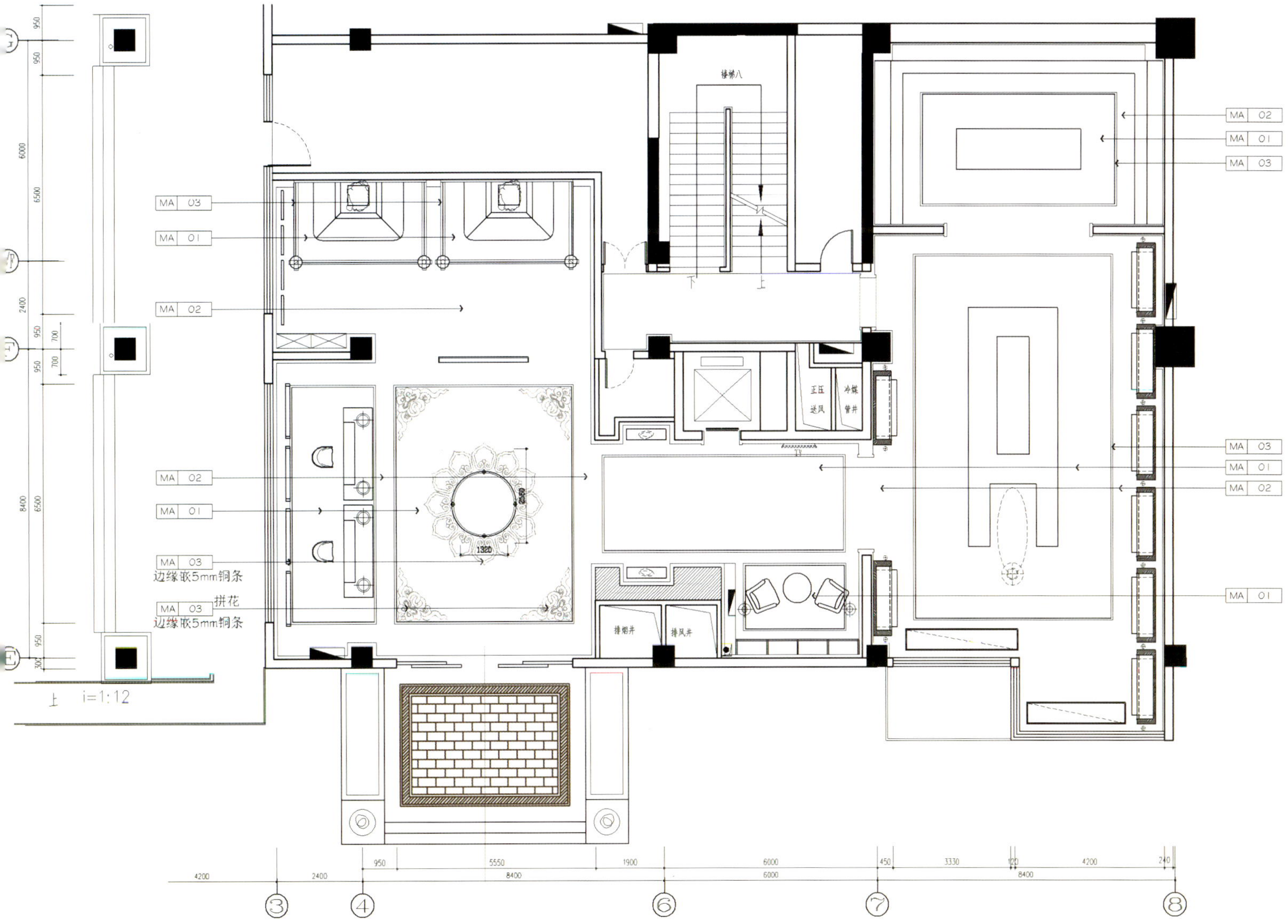

MA 03
MA 01
MA 02
边缘嵌5mm铜条
拼花
1320
上
下
i=1:12
排烟井
排风井
正压送风
冷媒管井
4200
2400
950
5550
1900
6000
450
3330
120
240
8400
3
4
6
7
8

一层大堂布局图

主案设计：
凌川 Ling Chuan
博客：
http://1015626.china-designer.com
公司：
品筑设计
职位：
设计总监

奖项：
2003年“华耐杯”中国室内设计大奖赛优秀奖
2004年“安润福杯”第一届海峡两岸三地设计大奖赛特等奖
2004年“华耐杯”中国室内设计大奖赛酒店工程类 最高荣誉奖

项目：
香籁概念餐厅
银鲨海鲜百汇自助餐厅
韩悦风尚韩国烤肉
蓉李记成都名小吃
越秀精致餐厅
荔晶餐厅
禅石艺术餐厅

香籁概念餐厅
Xiang Lai Concept Restaurant

A 项目定位 Design Proposition
香籁概念餐厅是一家概念中餐美食料理餐厅，位于万达商圈。

B 环境风格 Creativity & Aesthetics
走进这个空间，行云流水般的线条，强烈的解构主义美学，让人几乎忘却了这原本是个餐厅。

C 空间布局 Space Planning
空间面积并不大，却以流线型的隔断环围出一个个私密的空间，空间的特色造型极具视觉冲击力，让人几乎忽略了实际空间面积的大小。

D 设计选材 Materials & Cost Effectiveness
尽管极富挑战，香籁概念餐厅最终还是以完美无瑕的品质赢得了业主及其来往客户的厚爱。

E 使用效果 Fidelity to Client
本案设计极具纪念意义，在餐饮设计业竞争激烈的中国，武汉设计师锐意进取、突破陈规、他给本案营造的时尚优雅的气氛，堪称典范。

Project Name_
Xiang Lai Concept Restaurant
Chief Designer_
Ling Chuan
Location_
Wuhan Hubei
Project Area_
520sqm
Cost_
3,000,000RMB

项目名称_
香籁概念餐厅
主案设计_
凌川
项目地点_
湖北省 武汉市
项目面积_
520平方米
投资金额_
300万元

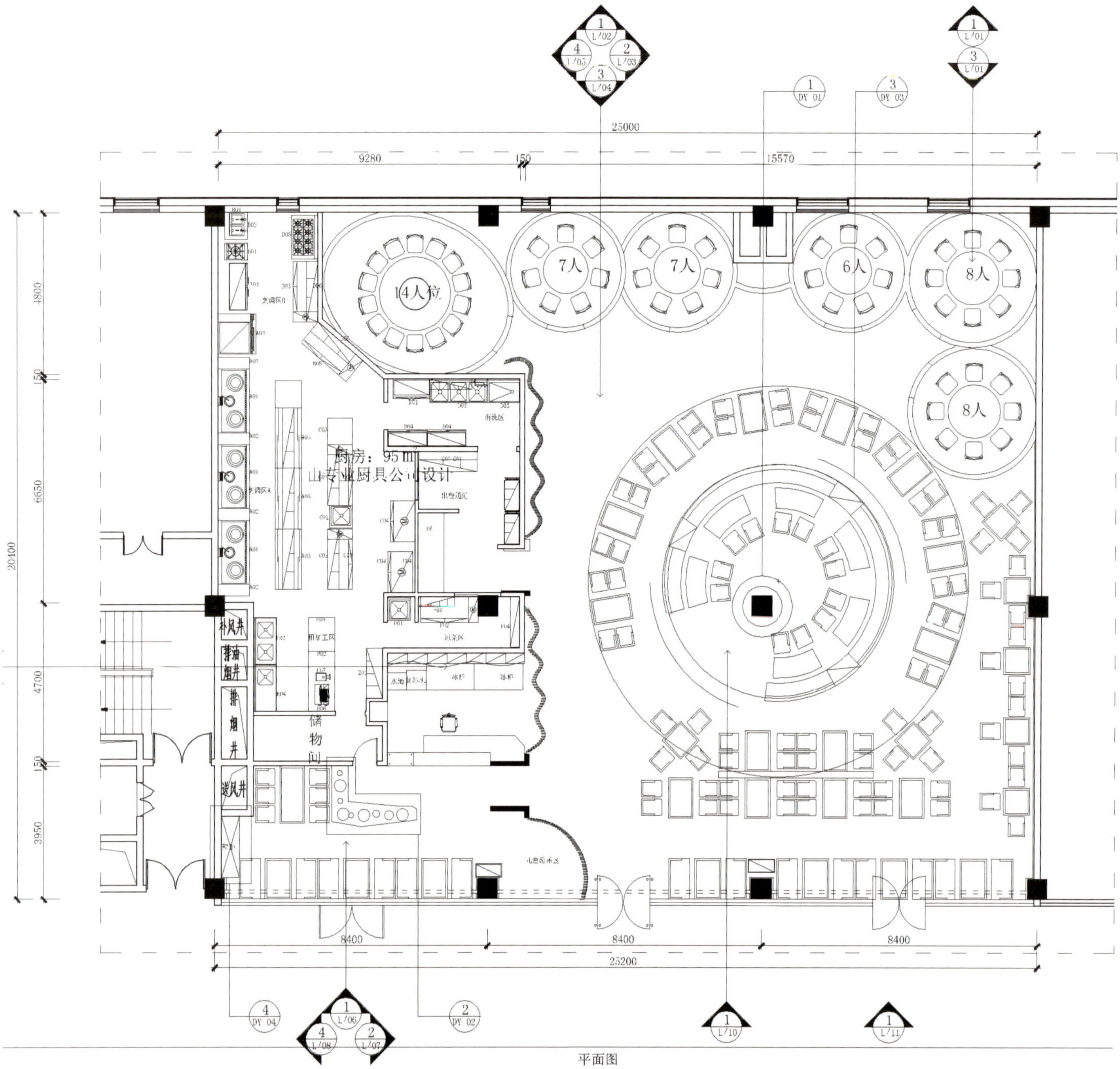
14人位
7人
7人
6人
8人
8人
厨房：95㎡
由专业厨具公司设计
补风井
排油烟井
排烟井
送风井
储物间
25000
9280
15570
8400
8400
8400
25200
20400
20000
平面图

卡迪亚

主案设计：
张猛 Zhang Meng
博客：
http:// 1015635.china-designer.com
公司：武汉设计联盟—武汉MV室内建筑设计顾问有限公司
职位：
设计总监

项目：
琴台食尚
金冠玉宴
好世纪大酒店

四季恋（东湖店）

Four season restaurant

A 项目定位 Design Proposition
毗邻东湖，以水为主题，定位中高端的时尚餐厅。

B 环境风格 Creativity & Aesthetics
再现水乡，一层的景观水池,二层可步出的室内阳台将水景引入包间。

C 空间布局 Space Planning
中轴线上的水池，可开可合的包间阳台门，使得空间可变化延展。

D 设计选材 Materials & Cost Effectiveness
颗粒感的墙纸，大面积的人子拼纹木地板。

E 使用效果 Fidelity to Client
业主十分满意。

Project Name_
Four season restaurant
Chief Designer_
Zhang Meng
Participate Designer_
Li Zheng
Location_
Wuhan Hubei
Project Area_
1,200sqm
Cost_
6,000,000RMB

项目名称_
四季恋（东湖店）
主案设计_
张猛
参与设计师_
李峥
项目地点_
湖北省 武汉市
项目面积_
1200平方米
投资金额_
600万元

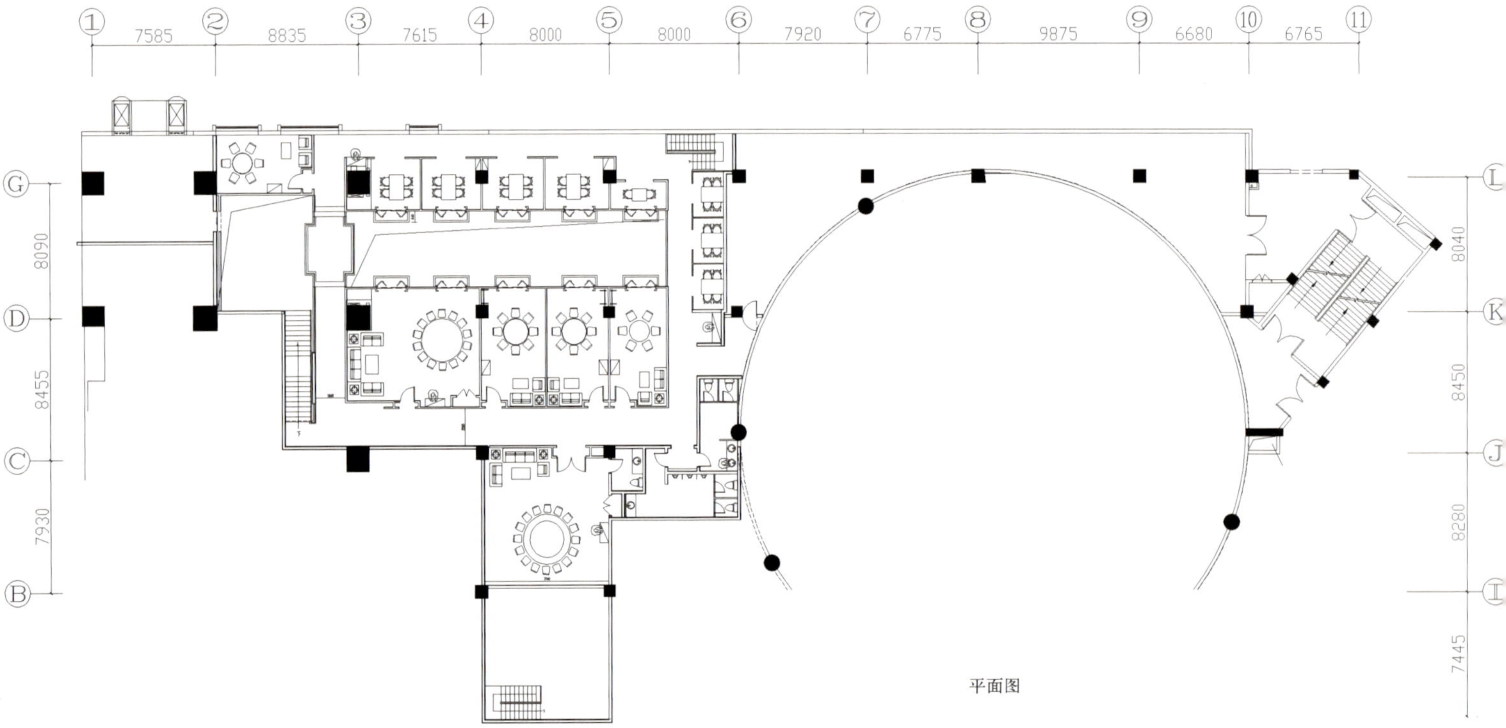

平面图

主案设计：
付冰 Fu Bing
博客：
http:// 1015754.china-designer.com
公司：
黑蚁空间设计工程有限公司
职位：
创意总监

奖项：
意大利DESIGN BOOM 国际设计金奖

项目：
宽巷子三号
九一堂
宽云窄雨

106好多苹果
106 Apple Mall

A 项目定位 Design Proposition
市场定位高端，有别于传统豪华的高端餐饮，突出艺术品鉴。

B 环境风格 Creativity & Aesthetics
现代LOFT艺术风格强化，突出人群特色，精准消费定位。

C 空间布局 Space Planning
利用原有建筑结构做延伸，保证功能使用的情况下尽可能还原本来建筑的体貌和质感。

D 设计选材 Materials & Cost Effectiveness
更多的原生态的材料，和工业感强的材料的运用。

E 使用效果 Fidelity to Client
作品投入运营后赢得了客人们的喜欢，为商家带来更好的收益。

Project Name_
106 Apple Mall
Chief Designer_
Fu Bing
Participate Designer_
Che Yunchun
Location_
Chengdu Sichuan
Project Area_
6,000sqm
Cost_
24,000,000RMB

项目名称_
106好多苹果
主案设计_
付冰
参与设计师_
车云春
项目地点_
四川省 成都市
项目面积_
6000平方米
投资金额_
2400万元

二层包间局部二楼平面布局图

Apple mall

主案设计：
赵国华 Zhao Guohua
博客：
http:// 1015756.china-designer.com
公司：武汉设计联盟—武汉缔造组装饰设计工程有限公司
职位：
设计总监

奖项：
2007年广州国际设计周精英设计人物奖
2007年武汉十大极具影响力设计师奖
2007年年度武汉十大设计师“小户型样板房奖”
金羊奖2008年/中国十大设计师（商业展示空间）
金羊奖2008年/年度武汉十大室内设计师

项目：
万科四季花城住宅
D造组办公室
德国柏丽厨具（武汉）旗舰店展厅

四喜艺术餐厅

Four art Restaurant

A 项目定位 Design Proposition

本案是一个创意中国菜、艺术收藏、个性服饰、为一体的私密性概念餐厅，也是一个古今合并、易古易今的艺术餐厅。

B 环境风格 Creativity & Aesthetics

本案着力营造不同于当地其他餐饮空间的优雅格调。并在注重私密性的前提下，灵活安排布局流线，使整个空间张弛有度、协调统一。

C 空间布局 Space Planning

空间布局上，经过跟业主的反复讨论，并结合当地的消费习惯，在一层散台区域，本案着力营造一种主次分明、餐区划分的私密环境，客人进入餐厅，一眼无法窥其全貌，而各区不同、台位不同，并利用古典家具、景台、隔断、落差等手法，让客人感觉处处新鲜、而又衔接流畅。

D 设计选材 Materials & Cost Effectiveness

利用大理石、青石、浮雕砂岩板、不锈钢、艺术涂料、木结构、玻璃等传统和现代的材料及工艺手法，形成易古易今、中西混搭的设计风格，不会因时间的流逝而被边缘化，就像一瓶红酒，任由风吹雨打、时光掩埋，越久越浓，越浓越恒久……

E 使用效果 Fidelity to Client

作为酒店的设计者，本案的设计师不仅让作品满足了业主的需要，更多的是满足了客人的需求。

Project Name_
Four art Restaurant
Chief Designer_
Zhao Guohua
Location_
Wuhan Hubei
Project Area_
700sqm
Cost_
3,000,000RMB

项目名称_
四喜艺术餐厅
主案设计_
赵国华
项目地点_
湖北省 武汉市
项目面积_
700平方米
投资金额_
300万元

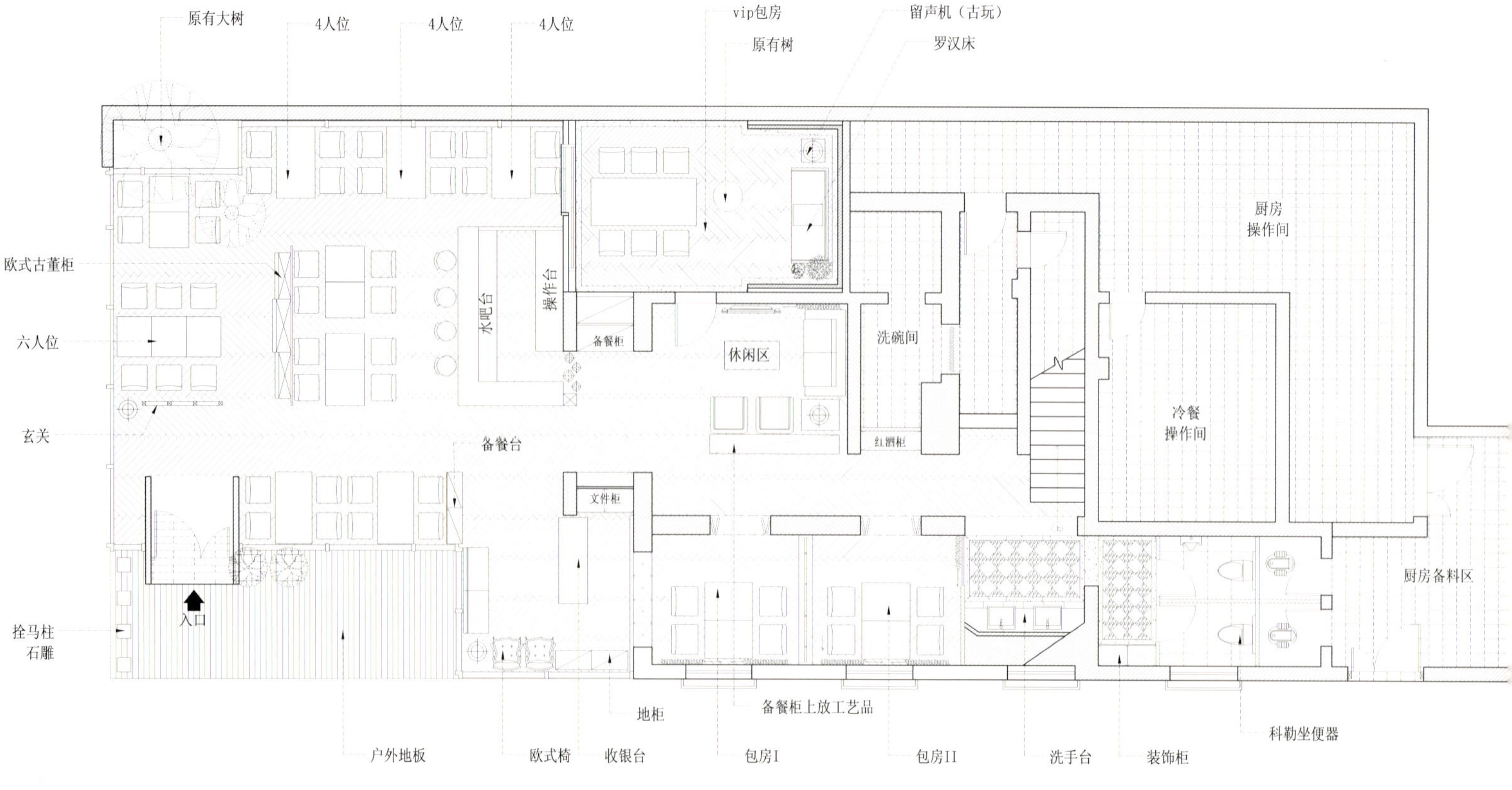

一楼平面图

11

主案设计：
杨凯 Yang Kai
博客：
http:// 1015811.china-designer.com
公司：
黑蚁空间设计工程有限公司
职位：
设计总监

奖项：
2008年金羊奖成都区十大获奖设计师

项目：
芙蓉古城销售中心
B+E广告公司办公室

蓉府餐厅
Rong Mansion

A 项目定位 Design Proposition
市场定位高端，有别于传统豪华的高端餐饮，突出艺术品鉴。

B 环境风格 Creativity & Aesthetics
现代中式中，原创艺术的溶入。

C 空间布局 Space Planning
多样化，可灵活变更的包间空间，适合多样化的功能需求。

D 设计选材 Materials & Cost Effectiveness
选择原木比较多，表达一种自然的感觉，很多地方采用弱对比方式表达，比如同样的石材同样的地方表达出光面和烧面的质感细节对比。整个空间低调、不张扬、有细节。

E 使用效果 Fidelity to Client
吸引了大批文化品味较高人群的青睐，这里独有的文化氛围和符合其身份的高档次的空间感受是吸引这批人群的主要原因。

Project Name_
Rong Mansion
Chief Designer_
Yang Kai
Participate Designer_
Xu Yingcong
Location_
Chengdu Sichuan
Project Area_
2,000sqm
Cost_
12,000,000RMB

项目名称_
蓉府餐厅
主案设计_
杨凯
参与设计师_
徐英聪
项目地点_
四川省 成都市
项目面积_
2000平方米
投资金额_
1200万元

主案设计：
李明 Li Ming
博客：
http:// 6617.china-designer.com
公司：
明 设计顾问
职位：
设计总监

奖项：
2012 中国建筑装饰协会室内照明设计 银奖
2011 金堂奖
2011 中国设计之星 金奖

项目：
尚湖会所
尚泉茶韵

聚乐村饭庄
Club Village Restaurant

A 项目定位 Design Proposition
此项目为高端会所式餐饮项目。空间布局结合中式元素，提取传统文化的精髓，结合现代表现形式，完成了室内空间布局。中式不是简单的仿古，结合博山当地饮食文化，在空间的表现上力求做到空间和谐在饮食中体现文化。聚太和气成为本设计方案的灵感来源。方案采用中国传统的四合院式的布局形式，设计形式将传统元素与现代工艺结合，在传承中又有发展。

B 环境风格 Creativity & Aesthetics
尝试传统在空间中的新应用力求寻求国人自己的空间着陆点。

C 空间布局 Space Planning
参考了传统四合院的建制，将其室内功能完备化更贴近商业餐饮运作。

D 设计选材 Materials & Cost Effectiveness
运用仿古砖的可拼贴性完成了聚乐村独有的地面拼贴工艺，使普通的材料生辉。

E 使用效果 Fidelity to Client
受到客户和业主的高度认可，感受到设计给他们带来的新空间的装饰魅力有着不同的视觉享受。

Project Name_
Club Village Restaurant
Chief Designer_
Li Ming
Participate Designer_
Yao Cui, Wang Zhenhua, Zhang Shuai
Location_
Zibo Shandong
Project Area_
1,600sqm
Cost_
2,800,000RMB

项目名称_
聚乐村饭庄
主案设计_
李明
参与设计师_
姚翠、王振华、张帅
项目地点_
山东 淄博
项目面积_
1600平方米
投资金额_
280万元

聚樂村
聚乐村“四四席”

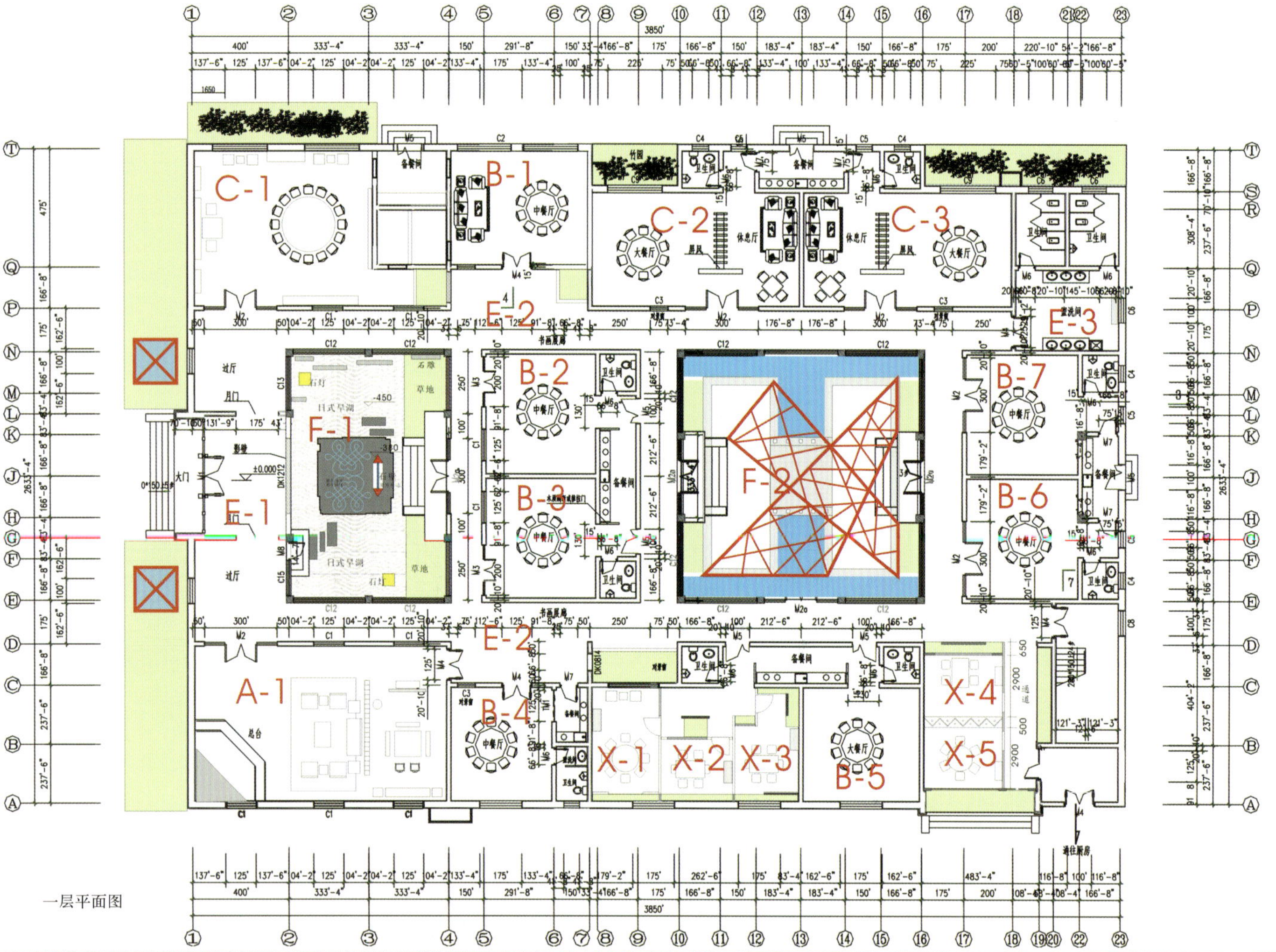
C-1
B-1
C-2
C-3
E-2
E-3
E-1
F-1
F-2
B-2
B-3
B-7
B-6
A-1
B-4
X-1
X-2
X-3
B-5
X-4
X-5
中餐厅
大餐厅
休息厅
卫生间
备餐间
过厅
大门
日式旱园
草地
石灯

一层平面图

樂適意遊

主案设计：
陈杰 Chen Jie
博客：
http:// 799499.china-designer.com
公司：
福建品川装饰设计工程有限公司
职位：
设计总监

奖项：
2010中国室内空间环境艺术设计大赛中获得建筑装饰协会[公建类]二等奖.
2010中国国际环境艺术设计大赛中获得:十佳设计师

项目：
名仕汇
茗古园
印象客家
古意阁

印象客家
Sancha Lake Show Space

Project Name_
Sancha Lake Show Space
Chief Designer_
Chen Jie
Location_
Fuzhou Fujian
Project Area_
1,100sqm
Cost_
650,000RMB

项目名称_
印象客家
主案设计_
陈杰
项目地点_
福建 福州
项目面积_
1100平方米
投资金额_
65万元

A 项目定位 Design Proposition
任何一种文化、一种理念，都要通过一个载体来培养，既而发扬光大。“印象客家”便是这样一个地方，它在设计师的精心规划之下充满了想象，于有形无形之间塑造出许多耐人寻味的情境。

B 环境风格 Creativity & Aesthetics
印象客家位于A-ONE运动公园内，隐于深处的位置给这个餐饮空间多了几分低调与内敛。“追根溯源，四海为家”的文化理念也在潜移默化中得到些许诠释。

C 空间布局 Space Planning
尚未进入空间内部，外面的庭院景观已然吸引了我们的目光。曲径有序的布局丰富了视觉的层次，得益于此，设计师在这个环境中设置了若干包厢。包厢置于自然的怀抱之中，食客便拥有了广阔的视野。

D 设计选材 Materials & Cost Effectiveness
印象客家的门面上方用斑驳的铁皮做装饰，粗犷的纹理显得厚实而有力量感。下方的圆窗位置，摆放着石磨与擂茶饼，墙面上的地图指示出客家族群在国内的分布情况，这些与客家文化一脉相承的物件在这古朴的空间中悠悠不尽。

E 使用效果 Fidelity to Client
投入运营之后有了良好的收益，许多慕名而来的游客皆赞赏。

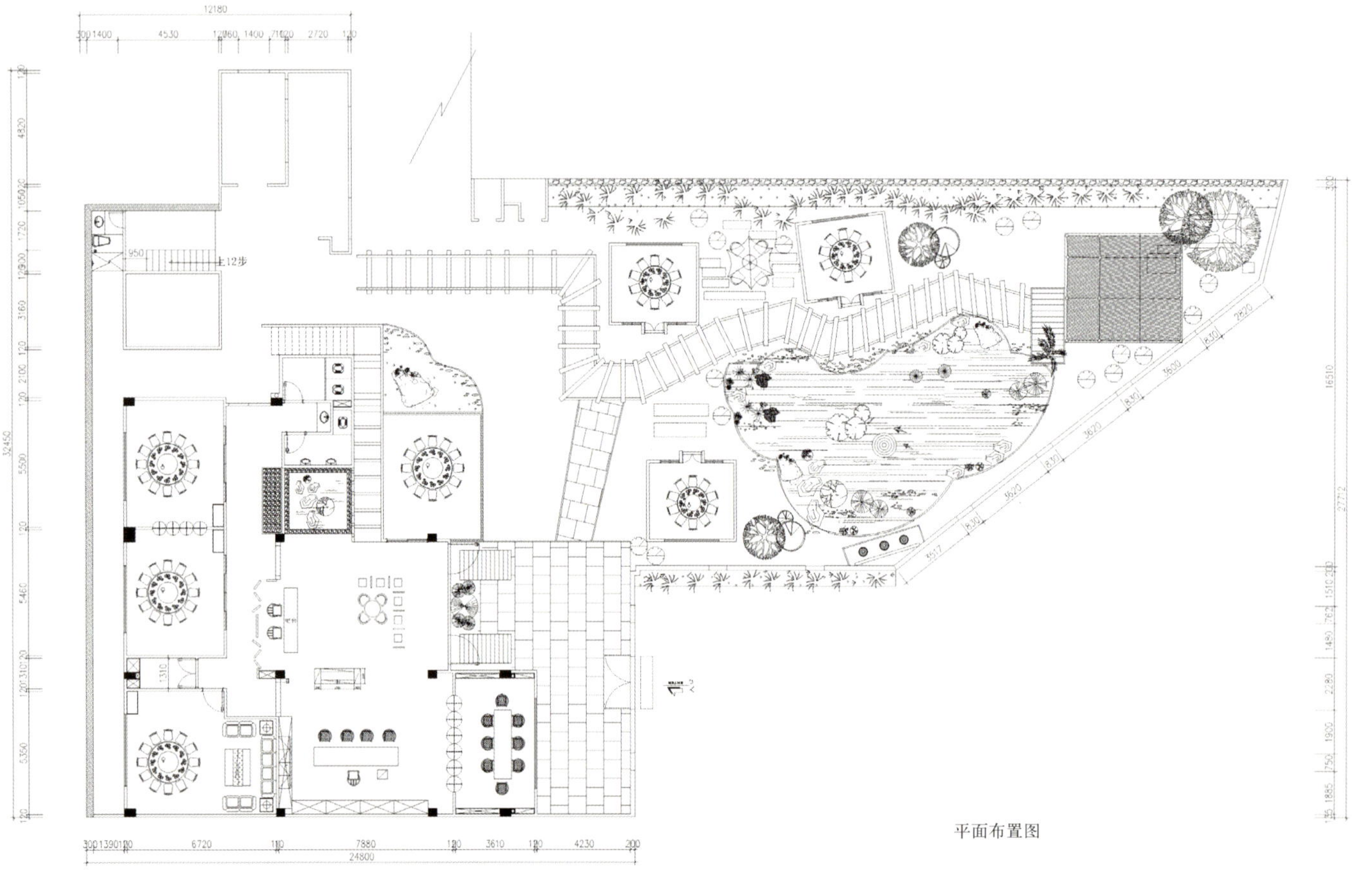

平面布置图

印象客家
追根溯源 四海為家

印象客家
四海為家

由晉唐迄今枝繁葉茂
南有石壁村
石壁
北有大槐樹

天下石壁

名家设计案例精选

《购物空间》
ISBN 978-7-5038-8710-9
定价：200.00 元

《酒店空间》
ISBN 978-7-5038-8709-3
定价：200.00 元

《办公空间》
ISBN 978-7-5038-8711-6
定价：200.00 元

《住宅空间》
ISBN 978-7-5038-8712-3
定价：200.00 元

《休闲空间》
ISBN 978-7-5038-8706-2
定价：200.00 元

《餐厅空间》
ISBN 978-7-5038-8713-0
定价：200.00 元

《别墅空间》
ISBN 978-7-5038-8707-9
定价：200.00 元

《娱乐空间》
ISBN 978-7-5038-8704-8
定价：200.00 元

《公共空间》
ISBN 978-7-5038-8708-6
定价：200.00 元

《样板间·售楼处空间》
ISBN 978-7-5038-8705-5
定价：200.00 元

图书在版编目（CIP）数据

餐厅空间 / 《名家设计系列》编委会编 . -- 北京 : 中国林业出版社 , 2016.9
（名家设计系列）
ISBN 978-7-5038-8713-0

Ⅰ . ①餐… Ⅱ . ①名… Ⅲ . ①餐馆－建筑设计－图集
Ⅳ . ① TU247.3-64

中国版本图书馆 CIP 数据核字 (2016) 第 220156 号

《名家设计系列》编委会

主编：谢海涛
策划：纪　亮
编委：李有为　殷玉梅

中国林业出版社 · 建筑与家居出版分社

责任编辑：纪　亮　王思源
封面设计：吴　璠

出版：中国林业出版社（100009 北京西城区德内大街刘海胡同 7 号）
网站：http://lycb.forestry.gov.cn/
电话：（010）8314 3518
发行：中国林业出版社
印刷：北京利丰雅高长城印刷有限公司
版次：2016 年 10 月第 1 版
印次：2016 年 10 月第 1 次
开本：230 mm×287 mm，1/16
印张：12
字数：200 千字
定价：200.00 元